# 食をプロデュースする匠たち

長谷川宏司
広瀬克利
編

大学教育出版

# まえがき

食事の時に「しつらえ」であるかのように「いっただきまーす」といいながら手を合わせている光景をよく目にする。幼稚園児や幼児だけでなく、大人も少なからずしつらっている。「健康に感謝すると同時に「食」を供給してくれるお百姓さんに対する感謝の気持ち」だという。あまのじゃくである小生には、とてもそうは思われない。もし、そうだとすると常日頃は形や品質の良い食材を求め、天候不順等で価格が高騰したとたん品質が悪くとも安い物を行列をなして求める姿はどう理解したら良いのか。いやいや、斜に構えて物事を見てはいけない。幼稚園児のような純粋な心に立ち返って「食」のプロデューサーの常日頃のご苦労に感謝することはとても尊いことであり、まさに「食事のしつらえ」といえよう。一口に「食」のプロデューサーといっても、種子の買い付けから、天候や害虫等と戦いながら穀物・野菜・果物等の栽培と収穫、それら生産物の販売、食材の加工等多くの場面に携わっている人たちと言える。本書では、さまざまな場面で関わっておられる「食」のプロデューサーである「匠」の方々に、匠が携わっている「食」のプロダクションの歴史、プロダクションの工程、現状の問題点や将来の展望について執筆していただき、「食」の崇高な成り立ちや、プロデューサーが抱える厳しさや醍醐味を読者に理解してもらい、真の「食」のしつらえを感受してもらうと同時に、次世代の「食」のプロデューサーの輩出に寄与できれば幸甚である、として本書の出版を計画したのが昨年の夏であった。

北は北海道、南は鹿児島の「匠」たちから、実に不屈の前進を思わせる原稿が寄せられた。ところが、初校を迎える時期に政府から突如環太平洋パートナーシップ協定（ＴＰＰ）という聞きなれない言葉が発せられ、その参加の有無が議論の俎上に登ってきた。さまざまな産業、金融、保険等の中でも、外国からの作物に対する関税の撤廃等によって日本の農業が成り立つのかどうか、が議論されるようになった。当時の政府のある大臣は九十数パーセントの産業を犠牲にしてわずか数パーセントの農業の保護を揶揄する発言も報道された。果てには、耕作者の地位の安定を図るために一九五二年に制定された農地法を改正し、農業を強くし海外市場に打って出るべく、規模を広げて効率的な経営に切り替えさせるといった構想までもが評論家の口からも発せられるようになった。江戸時代、士農工商といった身分制度が敷かれ、百姓の地位は工商の上とされていたが、実際には年貢の取り立て等いつも苛まれていたのが百姓であった。明治維新後も虐げられ、頼りにされるのは戦争等の恐慌時と決まっていた。減反制度等の国策から、農業を離れる傾向が続き、高齢者がその大半を占めるようになり、将来の農業従事者をいかに確保するかが問題となってきた。最初に触れたように、近頃は地球温暖化に起因する天候不順、乾燥、洪水等によって作物の生産が維持できない事態になってきた。日本の主要輸出産業を重視し、さらに農業も産業の範疇に入れるべく大規模化を目指すといったＴＰＰ参加のベクトルが形成されつつあり、本書の執筆者の方々にはＴＰＰ参加に対する思いも原稿に付加していただくようになった。

ところが、三月十一日未曾有の大地震・津波・原子力発電所からの放射能漏れといった大災害が東日本を襲った。これまで人類が地球にしでかしてきた悪行に対する自然の反撃である。長年に渡る国家・地域間の戦争を初め壮絶な文化的競争が繰り広げられた結果、のっぴきならぬ地球環境の悪化が懸念されて早数十年が経過した。ようやく、炭酸ガスの排出制限や緑化運動等が国家間で議論されるようになってきた矢先の大惨事である。とりわけ、原発からの放射性物質の漏洩は、国や電力会社に加え原子力に関する著名な学者によって推進され、多くのマスコミによって後押しされてきた「原発の安全神話」を根底から崩壊するものであった。日本で有数の米どころである東北地方の沿岸部のほとんどが津波によって押し流され、海水が残した塩分だけでなく、原発から漏洩した大量の放射性物質が土壌に吸着してしまった。原発近辺においては、少なくとも数年は農作物の栽培そのものが成り立たないのではないかという見解も出されている。今後の問題としては、原発の完全なコントロールに加え、重機による汚染土壌のはぎ取り、植物や微生物による土壌中の塩分や放射性物質の吸収・除去および封じ込めといった、農業環境を含めた「環境復元」を世紀を超えた緊急の課題として日本全体で取り組んでいかなければならない。

地球全体では約五〇億人、日本でも約一億数千万人の人類がひしめき合いながら生きている。これら人類の生命を維持しているのは、太陽によってもたらされる光線や熱線の他、降雨による水、海水、重力や空気等であるが、加えて重要なのは植物との共存である。植物は地球を取り巻く炭酸ガスを吸収し、酸素を放出するといった光合成という植物独特の機能を有し、人類のみならず地球上の生物の有気呼吸を支えている。さらに光合成の生産物は人類や動物・微生物の生活代謝のエネルギー源として、環境変化に感応して生成される化学物質は人類の健康・生命の維持に極めて重要な役割を果たしている。地球上で生育する植物のうち、無毒であり、人類の健康に寄与することが伝承されてきた穀物・野菜・果物等について、さまざまな創意工夫を凝らしながら「食」の匠たちによって生産されてきた。千年に一度の大災害である。今こそ「食をプロデュースする匠たち」の出番である。「匠たち」がこれまで培ってきた心的・物的「技」を発揮し、神によって残酷にも懲らしめられた我々人類を救済すべく旗頭に立ってもらいたいものである。

なお、本書出版にあたり、執筆者推薦の労をおとりいただいた、山形大学・教授・丹野憲昭氏、スーパーブラストシステムズ株式会社・代表取締役社長・真次豊氏、宝来メデック株式会社・代表取締役社長・宝来豊晴氏、丸和バイオケミカル株式会社・専務取締役・井上進氏に感謝申し上げます。

二〇一一年八月十一日

編者　長谷川宏司
　　　広瀬　克利

# 食をプロデュースする匠たち

# 目次

# 食をプロデュースする匠たち

# 第1章

# 北のカイワレ工房

三木　博孝

## はじめに

今日でこそカイワレ大根は日本全国津々浦々、どこのスーパー、青果店からコンビニでもお馴染みとなった手軽な常備野菜として知らない人はいないだろうと思われる程の存在となっております。ちなみにカイワレ大根の呼称は、愛らしい双葉が貝を開いた形に似ているところから名付けられたようです。

元来、カイワレ大根は平安貴族の食前に上っていたと伝えられている程ですから、その歴史は古く、大昔から高級食材として食べられていたものです。そのカイワレ大根が現在よく見られるようなポット入りやトレイ入りの形態で広く普及するようになったのはそんなに古い話ではありません。

最近はあまり見られなくなりましたが、一昔前までは露地（土耕栽培）もので美しい桐箱に丁寧な並べ方で入れられていたカイワレ大根が主に関西圏中心に作られていました。用途は和食の店や料亭でのお吸い物に浮

写真１－１　栽培施設風景（冬期）

かべる具材として、また、刺身のツマとして広く使われていました。そのような立派な容器入りですから、値段も一般水耕栽培のものと比べて一桁も違うような扱いでした。その辺りにも高級食材としての名残がうかがえるかと思います。

そうしたカイワレ大根が一般家庭の食卓に広く浸透するようになったのは、一九七〇年代に水耕栽培技術が普及し、大量生産が可能になったことが挙げられます。

筆者は以前、日配食品メーカーで営業の仕事に従事していました。仕事柄、卸売市場にもよく出入りし、新しい食材にはいつも目を配っておりました。その卸売市場で取引先の青果商の社長から「最近よく目にするようになったカイワレ大根を製造してみたらどうか」と言われたのがそもそもの始まりでした。色々調べていくうちにその魅力に引き込まれ、興味を持ち始めました。そして種苗店や農家の方に相談しながら試作を始めるようになりました。試作の段階で、好物の納豆に混ぜて食べると味が引き立つと母親に勧められ、試してみるとまさにその通りですっかり気に入ってしまいました。それが高じて、カイワレ大根の部署を新設し、営業の仕事から栽培の仕事へと転向することになった次第です。

本格的に取組み始めたのは一九八〇年代初め頃のことでした。当時はそうした水耕栽培が広まりを見せていた頃で、ネギやトマト、ミツバ等が先駆的に大きな成果を上げていました。それらの一般的知名度に比べ、カイワレ大根は知名度が低く、後に爆発的ブームを巻き起こし大ヒットするとはその当時はとても考えられませんでした。

## 一、気候風土について

筆者がカイワレ大根を栽培している恵庭市は、新千歳空港に近く、道都札幌市の南東約三五キロメートルの所に位置しております。昔から好立地を利用した農産物の産地として栄え、また、札幌市のベッドタウンとして一九七〇年代以降は人口も増加の一途で、今では人口約七万人の中堅都市といったところです。たった三〇～四〇キロメートルしか離れていない両市の気候は大いに違います。筆者はここに来るまでは札幌市に住んでいましたので、両市の違いを肌で感じています。札幌市は日本海型の気候ですが、恵庭市は位置的には内陸型で太平洋側と日本海側のちょうど中間に位置していますので、両者の中間的な気候になるわけですが、特に秋から冬にかけてその独自の地勢的特徴が発揮されるようです。

筆者が恵庭市に移り住んだ一九八〇年頃までは、札幌市では十二月早々には根雪になっていたものでした。対して恵庭市では、太平洋側の傾向が多少ありますので、毎年年末ぎりぎりまで根雪になりづらく、ちょうど太平洋岸の都市・苫小牧市のように雪の無い初冬が札幌市に比較して長いようでした。ただし、苫小牧市のように冬中雪が少なく、極端に言うとほうきで掃く程しか降らないということではありません。時には一晩に一メートルもの積雪があり、パニックになるということも珍しくないのです。そういった気候は、盆地風の日較差の大きな土地に特有の現象でもあります。したがって、そのような土地では夜間の冷え込みと日中の晴天という条件がハウス栽培に好適なのだと思われます。

今はこの恵庭市でカイワレ大根栽培を行っていますが、以前は札幌市で行っていました。夏は札幌市の方が晴天率が高く、気温も平均して二度くらい差があるようでした。しかし、問題は冬場にあります。大雪をもたらす石狩湾低気圧が毎冬やってきます。吹雪模様が続き、日中でも夜のように暗くなることが一週間も続くというのも珍しいことではありません。そういう時には、ハウス内の気温も上がらず、暖房費もかさみます。ハウス内の温度を効率よく上げるためにはビニールの二重カーテンはもちろんのこと、本来は遮光するための寒冷遮も、保温効果を上げるために閉じることもあります。また、何よりそうした状況では太陽光が無いので、良品はできず、四苦八苦してしまいます。そのため、雪雲の合間に時折太陽が顔を見せてくれた時には、言葉に表せないほどの喜びを感じるものです。そんな時には慌てて寒冷遮を開け、束の間の陽光を取り入れるのです。とにかく札幌市での栽培は苦労の連続でした。

恵庭市での冬季間の積雪の度合いは、札幌市と大差ありません。むしろ、時折のどか雪は札幌市以上の積雪をもたらすことがあります。併せて、内陸性の気候により極端な冷え込みに見舞われる地でもあります。しかし、冬季間通しての日照量が札幌市に比べて豊富だということが最大の魅力です。朝晩の強烈な冷え込みも、それゆえにこそと思われる日中の晴天で挽回することができる好条件の立地であると考えています。

## 二、栽培手順について

原料は、種苗業者が国内では種子の大量栽培が経営的に成り立たないのか、ほとんどが外国産に頼っている現状です。筆者のところでは以前はアメリカ産が主流でしたが、現在はオーストラリア・ニュージーランド等の南半球産が多く、その他にヨーロッパ産のものなども使用しています。国産の種子もありますが、桁違いの価格のためなかなか手に入りません。

カイワレ大根の種子は、以前は栽培効率優先で小粒がもてはやされていましたが、近年ではむしろ見栄えの良い大粒が優勢で、筆者のところでもニュージーランド産やオーストラリア産の大粒を使用しています。栽培現場では、販路が定まっている現在は日配品に近い取扱いをされており、それに合わせて周年栽培ということになります。

カイワレ大根の生育環境は他の野菜類と比べてそれほど大差のあるものではありません。日中二五度くらいで育てる環境ですと、種子の浸漬日から一週間程での製品化が可能です。もやし栽培と違い緑化が必要なので、ハウスで日照を調節しながら栽培します。

製品の安定化・均一化は一番の問題ですが、光沢・色彩等の出来栄えの良し悪しは日当たりが大きく関係してきます。そのため、日々の天候には格別の関心を持ち、テレビ・ラジオの予報は欠かさず注意して見聞きしています。春・秋の変化の激しい時期には特に気を遣います。というのは、カイワレ大根のような芽もの野菜は一週間という短い育成期間ですので日々の天候が大いに品質を左右することがあるからです。

好天が続くから良いというわけでもなく、それに伴ってハウス内の温度が上昇し、カイワレ大根の育成に影響を与えることもあります。そのため、天窓や側窓を開放し、適温に保つよう生育環境を調節しています。色づきの良し悪しや葉面の斑点なども、そうした生育環境の調節がうまくなされていないと、製品の安定化・均一化は容易ではありません。

栽培手順は以下の通りです。

①　種子の浸漬

約一八度の水に五〜六時間浸けます。種子の新しい・古いはありますが、大根種子は北海道の気候ですと常温保管でも西日本の各地に比べて二倍も長持ちすると言われています。したがって劣化も遅れるということで、種子の保管という点では北海道は有利な土地であると思われます。

② 浸漬の終わった種子の水切りと蒸らし

浸漬の終わった種子の水を切り、暗室にて二〇時間ほど静置して芽出しを促進させます。これがいわゆる「蒸らし」という段階です。しかし、今年のような猛暑の夏にはこの限りではありませんでした。コンピュータ管理下で栽培する完全制御型の植物工場でのものとは違い、気温・湿度のあり方で育成期間が決まりますので、一週間栽培というのはあくまでも一年間の平均値ということになります。当然夏には早く育ちますし、厳冬期には長い時間が必要となります。それにつけても今年の夏は北海道でも異常に暑く長い夏でした。本州の業者の方々はどれ程大変なことであったかと思われます。日中三五度というのは、当恵庭市では過去に経験が無く、夜温も二五度を上回り、しかも湿度九〇パーセントというのはまさに初めての経験でした。それが今年は六月末から九月の初めまで続きましたので、本当に本州並の気候だったのではないかと思います。この温度上昇に伴い、育成期間を早めなければならなくなり、一週間はおろか、最も早い時には五日で製品化することもありました。夜冷があるからこそ北海道産としての良さが生まれるのですが、今年の夏はそれが奪われた夏であったと言わざるを得ないほど異常なものでした。

③ 播種

播種しやすい温度（約三〇度）に発芽温度が上昇した時点で培地に播種します。筆者のところでは培地に薄いウレタンを使用しています。昔は砂や小石を使用する栽培方法もあったようです。今では、培地無しという方法、いわゆる根鉢根がらみ現象を利用した方法もあります。播種が終わって最初の水やりをするわけですが、この水やりが最も重要です。これを産湯のような意味合いで「命水」と呼んでいる業者の方もおります。これが中途半端ですと、後の育成に大いに支障を来すこととなります。

④　水やり

育成段階で命水を与えられた幼芽は、もう一日暗室で静置され、発芽を整えます。その後、平均して八時間おきに水やりを繰り返し、翌々日中には暗室よりだして緑化させ始めます。通常、育成の暗室に二日間くらい置くのですが、今年の夏のような高温多湿が続くと当然そのサイクルは早まりました。

⑤　緑化

暗室から出して徐々に緑化させていくわけですが、いきなり強い日差しを当てたのでは葉面の開きが大きくなり、伸長も阻害されます。そのため寒冷遮を段階的に使用します。伸長状況と色づき具合を勘案しながら、徐々に採光の度合いを強くしていきます。好天続きの時はあまり問題なく調整できますが、曇天続きや雨模様が長引くときは、夜間も照明を点け通したりして対処することもあります。一週間という短い間に、いかに品質も荷姿も良くすることができるかと日々工夫しております。

筆者のようなハウス栽培に携わる者にとってばかりでなく、食品産業においては水質は元より、豊富な水量を求めて立地を探すということがよくあります。筆者のハウスの場合は水道水を使用しております。当初はボーリングで井戸を掘ったのですが、水脈から離れた場所だったようで、十分な水量が見込めず井戸掘りを断念せざるを得ませんでした。その時は随分落胆をして、水道水使用の重い負担を懸念したものでした。しかし今では、衛生面を考えると、水道水を使用する安全性に勝るものはないと考えてい

写真1－2　散水風景

写真1－3　栽培ゴンドラ

ます。

養液栽培にもいろいろありますが、主にカイワレ業界ではM式水耕（湛液方式）とスプリンクラー灌水による全面灌水型が、大規模業者の主流になっています。筆者のハウスではゴンドラ方式といって、立体駐車場を横にしたような回転装置を用いています。

養液散布はスプリンクラー方式と同じ方法と思われますが、栽培ゴンドラの先端部分に一か所だけ灌水装置を置いて、回転させながら噴霧・散水します。回転速度の調節で季節に応じて適量散布するという具合です。水道水を使用することで、余分な消毒や殺菌の工程が省かれるという利点があります。ただし、今年の夏のような猛暑になりますと水道管回りの温度が上がりますので、水温も上がり、最高で出口水温が二三度にもなってしまいました。水温を上げることは容易ですが、下げるということには大変苦労しました。

## 三、ブーム到来とその突然の終焉・再生

今振り返ってみても、どうしてあれほどの急激なブームが起こったか不思議な気がします。作れば作るほど売れる倍々ゲームが続きました。凄まじい手応えを感じたものでした。しかし、冷静に考えてみれば当時（三〇年程前）は現在のような成長の止まった経済情勢とは違ってバブル景気の最中でありました。それゆえ、世の中に活気がみなぎっていた時代でした。高度経済成長に伴い生活が徐々に向上しましたから、食生活は洋食

化・肉食化が進みました。また、サラダブームが起こり、野菜類の生食がもてはやされるようになりました。カイワレ大根はそうした時代の流れにピッタリと合った食材だったということだと思います。

ブームはその後も続き、マスコミに取り上げられ、コマーシャルにも次々と登場しました。新しい需要を掘り起こしていくという好循環で、バブル崩壊の後もその勢いは止まる気配はありませんでした。まさに順風満帆と思われた一九九六年八月、ブームは突然の終焉を迎えます。

大阪府堺市で起きた病原性大腸菌Ｏ－１５７の食中毒事件を巡り、当時の厚生省（現厚生労働省）にカイワレ大根が原因食材であるかのように発表されました。これにはひとたまりもありませんでした。その翌日から注文が激減したのは言うまでもありません。なにしろ、天井知らずのブームで、筆者のところでも量産体制の真っ只中でしたのでカイワレ大根に携わる者は皆、前途に計り知れない不安を覚え、茫然自失の状況だったと思います。

それからは来る日も来る日も行き先の無くなった製品の山を廃棄するという日が続いたものです。その後、業者の惨状を放置できなくなったのか、当時の厚生大臣で現・菅直人首相がカイワレ大根を頬張るというパフォーマンスで安全性を訴えました。しかし、パフォーマンスも焼け石に水で、カイワレ大根の運命は奈落の底へ突き落とされてしまいました。生産量は下降の一途をたどりました。事件発生直後、最盛期に比べて二割を切る程まで下がっていた生産量は、以後約五年間、底をはうような状態が続き、世紀末の悪夢という感じでした。

その後、新世紀になったこともあり、好転の機会を待っていましたが、

写真1－4　アイスプラント栽培の様子

儚い願いが天に届いたのかスプラウトのブームが静かに沸き起こってきました。スプラウトというのは、植物種子を発芽させた若芽のことです。ようするに、もやしのことです。アメリカでももやしは売られていますが、商品名は「bean sprouts」です。最近ではさまざまな豆類のスプラウトが出回るようになってきました。そうした後押しもあってか、二〇〇三年には最盛期の四割近くまで回復してきていました。また、二〇〇四年十二月にはカイワレ訴訟において国の敗訴が確定しました。いまさらここで蒸し返しても始まりませんが、あの事件は、政治的判断でカイワレ大根がスケープゴートにされたということだったのです。

## 四、今後の展望について

再出発の意味も込めて二〇〇四年から同じ恵庭市内ですが場所を変えて栽培を始めました。同業者は事件後、年を追うごとに減少していきましたが、私は辞めようと思ったことはありませんでした。カイワレ大根は何と言っても「大根」なのです。古来、食べ続けられているいわば日本の代表的な伝統食材なのです。この仕事を始めた時は大根なのだから絶対に日本人に受け入れられるという強い自信を持ったものです。あの事件もそういう意味ではひとつの試練だったのだと思い直し、新しい場所で新しい気持ちで出直そうと思いました。

写真1－5　栽培スタッフ（筆者・中央）

全盛期とは比べようもなく小さくなったカイワレ大根産業ですが、決して見放されるものではありませんでした。風評被害が酷いものであったにもかかわらず、多くの消費者がカイワレ大根を常食して下さり、徐々に立ち直り始めました。また、現在はアイスプラントという砂漠地帯で育つ塩味のする新しい野菜の栽培にも取り組んでいます。また、ルッコラやスイスチャードなどの葉物野菜にも興味を持ち、日夜試作に取り組んでおります。

三〇年この方カイワレ大根栽培に携わってきました。その間、多くの人々との出会いを通していろいろな勉強をさせていただきました。カイワレ大根がいつまでも多くの方々の食卓を彩ることができるよう、安心・安全に留意し、努力していきたいと思います。

# 第2章

# 名もない一豆腐屋のつぶやき

三木　英之

## はじめに

私の先祖は、播磨灘に面する英賀城の城主と言い伝えられています。戦国期毛利氏に与し、豊臣秀吉、黒田官兵衛に滅ぼされ西国に下ったといわれています。

戦陣食として持ち運びが簡単な乾燥したうどんを工夫し、播州手延べそうめんの基礎を築いたとも言われています。そのような食に関する遺伝子が伝えられているのか、父親、私と食に携わる仕事を生業とし生きてきました。その時代時代の、新しい「知識、技術」を取り込み、「安心、安全な食品づくり」を目指して大豆加工品の「豆腐、あぶらあげ」を今日まで製造してきました。

大豆は昔から畑の肉として、良質なタンパク源として、その中でも豆腐は長寿食として、寺院などで広く食べられてきました。日本の「豆腐、あぶらあげ」の普及は仏教思想の影響が大きいと思われます。日本の仏教は「命を大切に」を基本にするので動物の肉食を忌み嫌い肉のタンパクの代用として「豆腐、あぶらあげ」が普及していったのです。「がんもどき」など鳥の「がん」の肉に似せた商品も創られ、高野豆腐なども肉に似せた目的で寺院で創られたものです。仏教の盛んだった、京都、北陸地方などには食生活に今も色濃く残ります。最近では栄養分析が飛躍的に進み、その効用が見直されています。癌、高血圧、心臓病、糖尿病、肥満などの病気に対して抑制、防止などの効果が認められ機能性食品として認められ始めてきました。また世界的に見ますと、東南アジアはもちろん、最近では遠くアメリカ、ヨーロッパまで広がりを見せてきています。七〇年代、アメリカ上院議会でアメリカ国民の健康な食生活は日本食を手本にするという議論がなされ、その代表に豆腐が提案されていました。まさに豆腐は全世界でも認められる古くて新しい「健康食品」なのです。

このように豆腐は昔から日本人の貴重なタンパク源として健康食品の代名詞のように重宝され、作り手の我々もプライドを持ち商品の製造販売を続けてきたのですが、近年流通革命が進み、日配商品が広域流通のため商品の日持ちと量産化が要求されるようになってきました。それに対応するため防腐剤、殺菌剤の使用を多用せざるを得なく「これは本当に健康食品なのか？」という疑問を、製造者自らが持ってしまうことになってしまったのです。プライドを持って製造販売を続けることが難しくなったということです。そこで防腐剤、殺菌剤などの添加物をできる限り使わないで現代の広域流通にも耐えられる豆腐製造ができないものかと考えました。

基本的に豆腐は大豆、水、にがりで作られるシンプルな食品なのです。

①　大豆

大豆には輸入大豆・国産大豆があり、さらに遺伝子組み換え大豆・組み換えしない大豆とあります。

わが国は遺伝子組み換え大豆は安全と宣言をしていますが消費者の拒否反応もあり国内に輸入される食品

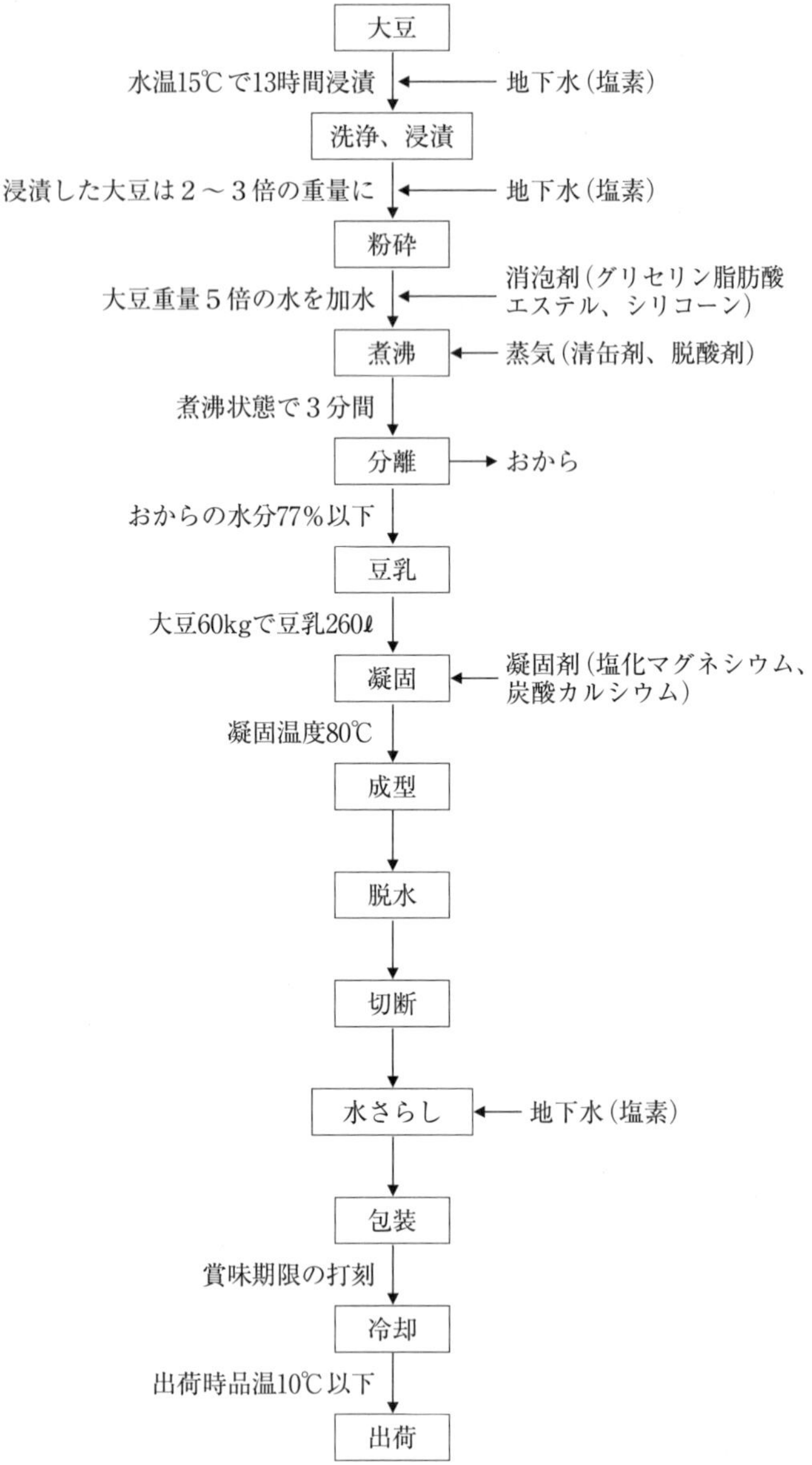
大豆
水温15℃で13時間浸漬
地下水（塩素）
洗浄、浸漬
浸漬した大豆は２～３倍の重量に
地下水（塩素）
粉砕
大豆重量５倍の水を加水
消泡剤（グリセリン脂肪酸エステル、シリコーン）
煮沸
蒸気（清缶剤、脱酸剤）
煮沸状態で３分間
分離
おから
おからの水分77％以下
豆乳
大豆60kgで豆乳260ℓ
凝固
凝固剤（塩化マグネシウム、炭酸カルシウム）
凝固温度80℃
成型
脱水
切断
水さらし
地下水（塩素）
包装
賞味期限の打刻
冷却
出荷時品温10℃以下
出荷

図２－１　豆腐製造工程図

用大豆のほとんどは組み換えしない大豆です。それもアイピーハンドリングと言い、組み換えした大豆と混ざらない仕組みで海外の生産者までさかのぼれるシステムとなっています。

②　水

日本は水資源が豊かですが、豆腐は水が非常に重要なポイントで、地下水・水道水などの違いにより豆腐の出来も変わってきます。具体的にはｐＨの高い水は作りやすいが大豆タンパクが湧出しやすく、凝固が甘くなり歩留まりが落ちます。低い水は大豆浸漬に時間がかかり、にがりの適正凝固範囲が狭く作りにくくなります。あぶらあげの製造には水の質による優劣は製品作りに決定的なポイントになります。工場建設時などまず第一に地下水の適正を調べます。また季節の変化による水質の変化など、水に合わせた作り方を模索します。しかし、残念なことに地下水がどんなに名水であろうとも「安全のため」に食品衛生法で塩素殺菌が義務づけられてしまっているのが現状です。

③　にがり

昔は海水からの苦汁（にがり）が多かったのが戦争中に戦略物資として統制品となり使えなくなりました。そこで代用品として硫酸カルシウムを使いだし、さらに七〇年代からとうもろこしデンプンを原料にしたグルコノデルタラクトンなどを使い出しました。

現在は苦汁でも岩塩から純度九九パーセント以上の塩化マグネシウムと硫酸カルシウム、グルコノデルタラクトンなどを混ぜて製品により使い分けています。

## 一、無添加にする工夫

### （一）蒸気

本来豆腐製造は大豆、水、にがりがあればできるシンプルな食品と書きましたが、豆乳を煮るためには蒸気を必要とします。昔は薪を使い地釜（大きな鍋）で時間をかけじっくりと煮ましたが、このやり方は地釜に豆乳が焦げ付き煮えむらや時間がかかるなどの理由で現在は豆乳に生蒸気を加え短時間で直接加熱する製法が主流になっています（よく昔の豆腐はおいしかったという話を聞きますが、これは地釜で煮ることで豆乳の焦げ臭（しゅう）と大豆の香ばしさが豆腐に残るのが一因でないかと思われます）。豆乳に生蒸気を入れる直接加熱方式は確実に熱交換ができ、短時間で処理できるのでメリットが多い煮沸法ですがデメリットとしてドレン（蒸気が液体化したもの）が豆乳のなかに七〜八パーセント混入します。ボイラーで蒸気を発生させる際、ボイラーには清缶剤、脱酸剤を使用します。ボイラーの中の錆、スケール（ボイラー管内に付着する物質）が付くのを防ぐ目的で使用するのですが、ヒドラジンなど安全性が疑わしい物質もあり、これらの薬剤を使わないで安全な蒸気ができないかとボイラーメーカーと協議し模索し、一番安全性が高い膜脱気方式を採用しました。これはボイラー水のスケール成分（鉄、マグネシウムなど）を膜で取り去りボイラーにスケールが付着しないようにします。またボイラーの注入水を高温で保ち酸素が混入しないで蒸気を発生させる方式をとったため、ボイラーの錆の危険が少なくなり安全性が疑われる清缶剤、脱酸剤などを使わずにクリーンで安全な蒸気を得られることになりました。

（二）消泡剤

豆乳を煮沸する段階で泡立ちが発生し、その泡が豆乳の熱伝達を阻害するため、部分的に煮えていない状態になり、品質にムラができ日持ちもしないので確実に煮るために消泡剤を使用します。消泡剤は昔、廃油を利用していたのですが、現在は脂肪酸エステル、シリコーン（網目状高分子）などが多く使われています。安全性に問題がないと言われていますが、できる限り添加物を減らす方針のもと試行錯誤をしました。

煮釜メーカーも巻き込み試行錯誤の結果、豆乳温度が八〇度を超えた段階で冷やし、また加熱し泡の発生する時間帯を少なくし、豆乳に蒸気を確実に効率よくあてる工夫をしました。さらに「おから」を絞った後に熟成段階を設け確実に熱交換ができるようにします。豆乳の移送も工夫し如何に泡の発生を抑えるかに知恵を絞ります。ポンプを極力使わず落差を利用しタンクの壁にそわせたり、底まで配管をのばしたりと空気の混入を防ぎ豆乳の移送をします。凝固の段階もしかり、豆乳ににがりを添加する段階で生じる泡を、水を噴霧することによって抑えるなどしました。しかし、消泡剤を使わなければ、豆乳と「おから」分離の際「おから」に豆乳が入ることが避けられず五～六パーセントの歩留まり低下につながります。これは安全、安心な豆腐づくりのコストとして考えることとします。

広域流通に耐えるのはやはり製造工程の洗浄による無菌化（サニテーションの強化）、熱殺菌が基本でありコールドチェーンを如何に落ち度無く築きあげるかがポイントだと思われます。

## 二、あぶらあげの製造の工夫

豆腐あぶらあげ製造業として、豆腐業者は必ず「あぶらあげ」も作っているように思われていますが、近年は「あぶらあげ」を作る業者が少なくなりつつあります。豆腐屋、あぶらあげ屋と分かれつつあるのです。これは、あぶらあげは豆腐に比べ製造工程が長く技術的にも高い知識を要求されるためで、近年豆腐は自社工場で作り、あぶらあげは同業他者から買い販売するケースが増えています。あぶらあげは工場が油で汚染され、少量生産ではロスの発生が多く、油温度の不安定、製品のバラツキの原因となります。「豆腐三年、あげ一〇年」と昔から言われるように技術的に難しく、勘と経験の職人が多く、いきおい科学的な分析が遅れていました。あぶらあげは豆腐生地を二〜三倍の大きさまで伸ばす必要があります。またより良いあぶらあげを作るには、色艶がよく、きめが細かく、歯切れがよく、汁含みがよく、大きさが一定とさまざまな要素を満たさねばなりません。

豆腐の生地がなぜ油中で大きくなるのでしょうか？　それは大豆タンパクの熱変性を巧みに利用し、油の温度が一〇〇〜一一〇度の段階で生地の水分の蒸発力と空気による気泡の膨張を利用することで大きくなるのです。「あぶらあげ」を切ると中が空洞化し豆腐の部分が海綿状になり表面に近い部分が小さな泡に見えますが、これは凝固したときに混入する気泡で、生地に含まれる気泡が均一に適量入ればキメの細かい「あぶらあげ」ができます。しかし気泡が多すぎれば「あぶらあげ」は伸びきれなくビスケットのようになってしまいます。生地に均一に気泡を含ませ徐々に気泡の水分を蒸発させることで周囲の豆腐生地を押し広げ大きくなりキメの細かい「あぶらあげ」にすることができます。気泡が少なかったり、無かったりするとゴアゴアした歯切れの

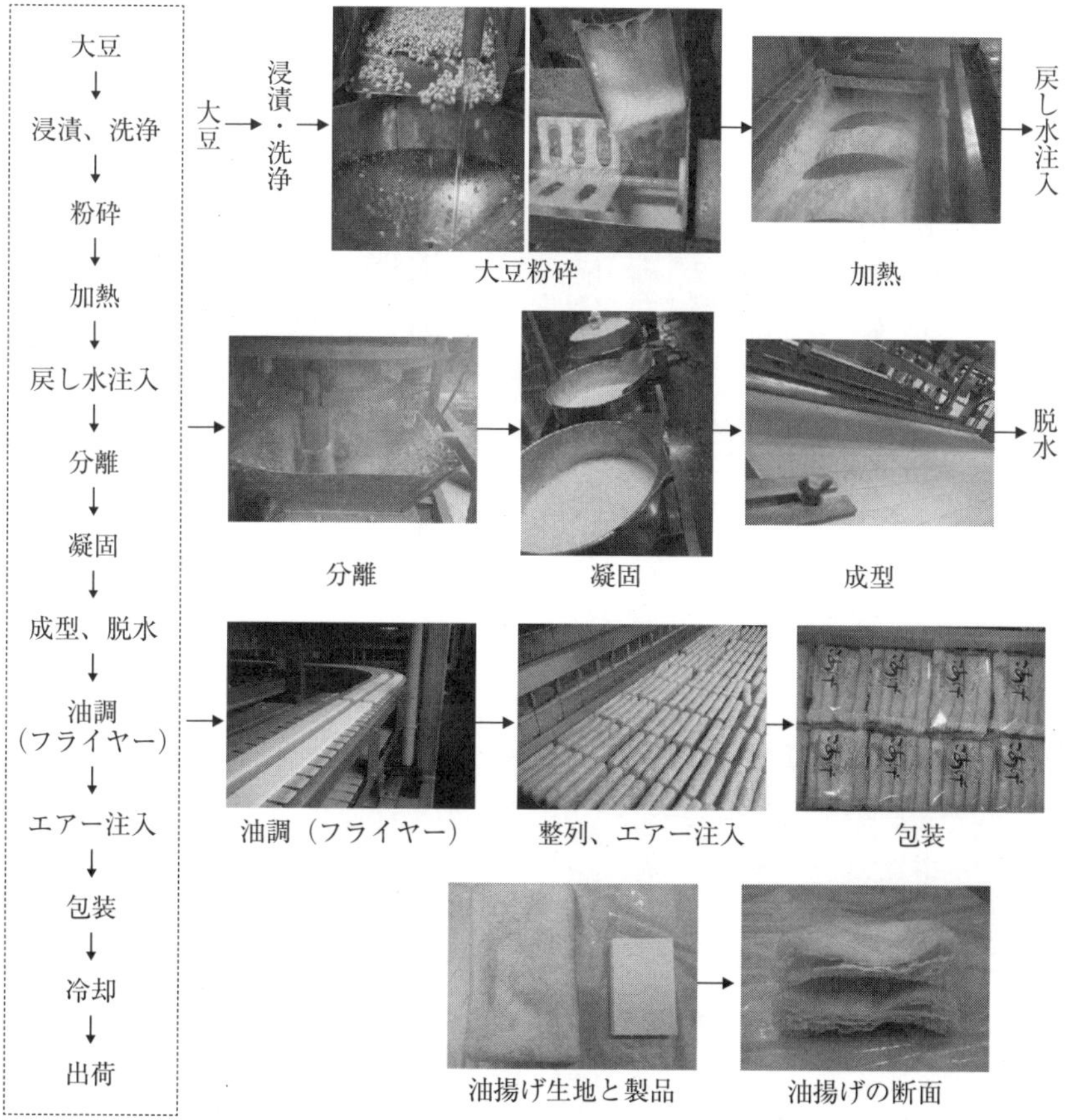


図2−2　あぶらあげ製造工程

悪い、ガラス肌の多いものになってしまいます。豆乳に含まれる溶存酸素を如何にコントロールするかがポイントでその要因として大豆の性質（大豆タンパクの中でも11Sタンパクの多い、少ないが製品に影響する）、水のpH、水温、豆の浸け時間、豆をすりつぶす粒度、煮る温度曲線、搾り段階の微細なおから（ミジン）の混入率、戻し水のタイミング（戻し水は豆乳の煮沸による大豆タンパクの熱変性を止め、豆乳中の酸素の補給を目的とします。昔はびっくり水と言っていました）、凝固攪拌の仕方による空気の混入割合、凝固温度の調整、脱水による生地の水分率、油調の温度、油の酸化状態などさまざまな要因があります。油温が一〇〇～一一〇度の段階ですべての要因の良し悪しの結論が出ます。季節ごと、原料ごとに微調整を繰り返さねばなりません。製造マニュアルを作り製品の安定化を図りますが、日々同一製品を作るのは難しく、毎日が新しい発見の連続です。

## 三、豆腐業界の将来の問題

### (一) 原料大豆

日本の大豆使用量は年間三五〇万トンと言われ、搾油用、畜産の飼料用で二五〇万トン。あとは食品用大豆で豆腐、あぶらあげ、しみ豆腐、納豆、味噌、しょうゆ、豆乳などですが、豆腐、あぶらあげが食品大豆の半数を占めています(表2―1)。

食品用大豆の輸入先はアメリカ、カナダ、中国です。以前は国産大豆の使用が多かったのですが、昭和三十六年の大豆自由化、四十六年の変動為替相場への移行により国産大豆の価格競争力が無くなり輸入大豆が増え続けたのです。

表2－1　食品用大豆の用途別使用量の推移　(単位　千トン)

| | 味噌 | 醤油 | 豆腐、あぶらあげ | 納豆 | 凍み豆腐 | その他 | 合計 |
|---|---|---|---|---|---|---|---|
| 昭和60年 | 180 | 4 | 456 | 88 | 31 | 89 | 848 |
| 61年 | 184 | 5 | 464 | 89 | 31 | 87 | 860 |
| 62年 | 178 | 5 | 479 | 94 | 31 | 90 | 877 |
| 63年 | 179 | 6 | 485 | 99 | 31 | 91 | 891 |
| 平成元年 | 177 | 11 | 490 | 104 | 31 | 92 | 905 |
| 2年 | 172 | 24 | 494 | 107 | 31 | 93 | 921 |
| 3年 | 171 | 22 | 494 | 108 | 31 | 93 | 919 |
| 4年 | 176 | 25 | 494 | 108 | 31 | 93 | 927 |
| 5年 | 173 | 23 | 492 | 109 | 31 | 92 | 920 |
| 6年 | 165 | 22 | 493 | 109 | 30 | 93 | 912 |

食品流通局食品油脂課、食糧庁加工食品課調査資料より

### 表２－２　大豆自給率

| 1957年 | 1960年 | 1970年 | 1980年 | 1990年 | 2000年 | 2004年 | 2008年 |
|---|---|---|---|---|---|---|---|
| 64% | 28% | 4% | 4% | 5% | 5% | 3% | 6% |

農水省統計

### 表２－３　国産大豆の生産量の推移

| 産年 | 作付面積 (ha) | 10a当たりの収量 (kg) | 収穫量 (t) | 産年 | 作付面積 (ha) | 10a当たりの収量 (kg) | 収穫量 (t) |
|---|---|---|---|---|---|---|---|
| 昭和30年 | 385,200 | 132 | 507,100 | 平成元年 | 151,600 | 179 | 271,700 |
| 昭和35年 | 306,900 | 136 | 417,600 | 平成２年 | 145,900 | 151 | 220,400 |
| 昭和40年 | 184,100 | 125 | 229,700 | 平成３年 | 140,800 | 140 | 197,300 |
| 昭和45年 | 95,500 | 132 | 126,000 | 平成４年 | 109,900 | 171 | 188,100 |
| 昭和50年 | 86,900 | 145 | 125,600 | 平成５年 | 87,400 | 115 | 100,600 |
| 昭和51年 | 82,900 | 132 | 109,500 | 平成６年 | 60,900 | 162 | 98,800 |
| 昭和52年 | 79,300 | 140 | 110,800 | 平成７年 | 68,600 | 173 | 119,000 |
| 昭和53年 | 127,000 | 150 | 189,900 | 平成８年 | 81,800 | 181 | 148,100 |
| 昭和54年 | 130,300 | 147 | 191,700 | 平成９年 | 83,200 | 174 | 144,600 |
| 昭和55年 | 142,200 | 122 | 173,900 | 平成10年 | 109,900 | 145 | 158,000 |
| 昭和56年 | 148,800 | 142 | 211,700 | 平成11年 | 108,200 | 173 | 187,200 |
| 昭和57年 | 147,100 | 154 | 226,300 | 平成12年 | 122,500 | 192 | 235,000 |
| 昭和58年 | 143,400 | 151 | 217,200 | 平成13年 | 143,900 | 189 | 271,400 |
| 昭和59年 | 134,300 | 177 | 238,000 | 平成14年 | 149,900 | 180 | 270,200 |
| 昭和60年 | 133,500 | 171 | 228,300 | 平成15年 | 151,900 | 153 | 232,200 |
| 昭和61年 | 138,400 | 177 | 245,200 | 平成16年 | 136,800 | 119 | 163,200 |
| 昭和62年 | 162,700 | 177 | 287,200 | 平成17年 | 134,000 | 168 | 225,000 |
| 昭和63年 | 162,400 | 171 | 276,900 | 平成18年 | 142,100 | 161 | 229,200 |

農水省［大豆に関する資料］より

近年の大豆の自給率は三～四パーセントまで落ち込んでいます（表２－２、表２－３、表２－４）。

　これほど輸入大豆が多くなったのは円高（三六〇円が八〇円台になる）による低価格の影響もそうですが、意外にもこれらの国々の大豆は品質面での優位性があったのです。大豆は一粒一粒に個性があるもので、さやの中には二～三粒入るが真ん中は大きな粒になり端は小さく、当然タンパクの含有量、質も

表2－4　為替相場の歴史（1ドルあたり）

| | |
|---|---|
| 昭和5年 | 2円 |
| 昭和16年 | 4円25銭、太平洋戦争前 |
| 昭和22年 | 50円、軍用交換相場 |
| 昭和24年 | 360円、米軍指令部の発表により22年間単一為替相場になる |
| 昭和46年 | 308円、ニクソンショック、スミソニアン協定で変動相場制に移行 |
| 昭和53年 | 200円の大台を切る。ドル失墜,経常収支黒字が巨額になる |
| 昭和54～60年 | 200円台で推移、プラザ合意で242円、以降バブル景気円高が進む |
| 昭和62年 | 120円 |
| 平成2年 | バブル崩壊 |
| 平成7年 | 79円、金利低下 |
| 平成9年 | 101円、バブル崩壊の影響が深まり、失業率の増加、低金利時代 |
| 平成22年 | 80円、ギリシア財政危機によるユーロ不安、ドル安、行政の無策によりひとり円高 |

違います。日本の大豆は狭い畑で大勢の生産者が作るため安定性を欠きます。同じ品種でも千差万別です。地質の影響もあり、北側の日当たりの悪い畑で作られる大豆と、南側の日当たりの良い畑でできる大豆とは同じ品種の大豆でも別物になってしまいます。手入れの行き届いた農家の大豆とそうでない農家というように。その点、広大な大地であるアメリカ、カナダの大規模生産農家が生産する大豆は安定性の面で有利であることは想像に難くないと思われます。

昔の小規模の豆腐製造業者は豆乳に「にがり」を打つ段階で「寄り」を見ながら大豆の特性、個性を判断し、にがりを一回打つか、二回打つか、あるいは「櫂」をどう動かすかを判断したのです。大豆の多少の品質のバラツキは豆腐屋の「腕」でカバーしたのです。それが近年、豆腐製造業者の製造規模が大きくなり、豆腐製造の機械化が進むことにより、安定性のある、作りやすい輸入大豆にシフトしていったのです。

日本の食糧自給率は四〇パーセントを切ったと言われ、これから訪れるであろう食糧危機に対し日本の農業政策の転換が求められています。農業経営者の平均年齢が六十五歳を超え、この先は離農が進み、休耕田が増え、田畑がますます荒れることが予想されます。農地の販売を流動化し、意欲ある農業経営者を育て大規模化しなければならないと思います。米の減反の代用品という位置付けでなく、良い大豆を作るという意欲を持つ農家を増やす政策が求められます。我々大豆加工メーカーにしても、アメリカの遺伝子組み換え大豆が九三パーセントを超えてしまい、組み換えしない大豆は除草などの手間がかかる、あるいは収量が一～二割少ないからと農家に法外なプレミアム（割増料金）を要求されたり、また原油の高騰により、トウモロコシから車の燃料を作るバイオエタノール燃料が普及することにより穀物相場の高騰を招いています。また日本の国力の低下によるものなのか、穀物輸入商社が他国に対し買い負けしているのが現状です。安心、安全な商品づくりには国産大豆を如何に増やしていくかを真剣に考えなければならぬ時期にきています。

現在国産大豆は年間一八～二〇万トン生産され、豆腐、あぶらあげ用として使用するのが八～九万トンです。五～六年前には輸入大豆の四～五倍の値段がしていましたが、近年は二～三倍まで下がってきています。大豆加工メーカーとしては手ごろな価格となっていますがこのデフレの時代、消費者、スーパーの一円でも安くという要望にまだ割高な国産大豆の使用量は伸びていないのが現状です。

国の農業政策の方針として国産大豆を五〇万トンまで増やすということでありますが、我々加工メーカーとしては諸手をあげ賛成なのです。また、将来の食料危機に備え、小売流通業者の農業参入、加工メーカーの農業参入などの動きが始まっています。自分のところの畑で取れた大豆で豆腐を製造することは我々豆腐製造業者の夢でありますが、やはり、餅屋は餅屋、経験豊かな農業者に供給してもらうのがベストと思われます。

表2－5　世界の総栽培面積に占める遺伝子組み換え作物の割合（2009年）

| | 非遺伝子組み換え | 遺伝子組み換え | 作付け面積全体 | 比率 |
|---|---|---|---|---|
| 大　　豆 | 2,080 | 6,920 | 9,000 | 76.9％ |
| とうもろこし | 11,630 | 4,170 | 15,800 | 26.4％ |
| な　た　ね | 2,460 | 640 | 3,100 | 20.6％ |
| わ　　た | 1,690 | 1,610 | 3,300 | 48.8％ |

（単位　万ヘクタール）日本モンサント社発表資料より

## （二）遺伝子組み換え大豆について

より良い大豆を作るため、従来は品種改良で何代もの交配により時間をかけ、収量の多い品種、旱魃に強い品種、などの良い資質を持った種を掛け合わせることで良い品種を作り上げてきたのです。しかし近年ではバイオテクノロジーの進歩により、大豆種子の遺伝子の中に直接、大豆以外の植物や微生物の遺伝子の都合の良い部分を付け加える遺伝子組み換え大豆が誕生しました。今まで地球上に存在しなかった、まったく新種類の大豆ができることになったのです。現在の遺伝子組み換え大豆は、特定の除草剤に強い、病害虫に強い、などの特性を持ちます。アメリカの種子、農薬会社の大手のモンサント社が販売する遺伝子組み換えした種子を農家に売り、モンサント社の販売する除草剤「ランドアップレデイ」しか効かないような遺伝子を組み込んでいるのです。また殺虫剤成分を出し続ける遺伝子を組み込むことによって農家の手間が掛からないように収量が上がるようにされているのです。遺伝子組み換え大豆が商業生産され始めたのが一九九六年からで二〇〇九年には全世界の大豆生産量の七七パーセントが組み換え大豆になってしまいました。一〇年余りという短期間に驚異的な普及です（表2－5、表2－6）。

国は遺伝子組み換え商品の安全宣言をしています。しかしヨーロッパの多くの国々には遺伝子組み換え作物はほとんど流通していないのです。宗教的からみ、あるいは、食料自給率が高いこともあるのでしょうが、遺伝子組み換え商品には規制も厳しく強い態度で臨んでいます。しかしわが国は食料自給率が四〇パーセントを切っている状態なので国も曖昧な結論を出さざるを得なかったということなのでしょうか。組み換えしない大豆の中に五パーセントまでは組み換えした大豆が混ざってもよいという法律など曖昧さの典型なのです。

食料危機に対し、遺伝子組み換え商品は収量が上がるため救世主のように言われています。モンサント社は二〇三〇年までには二〇〇〇年の大豆、トウモロコシの収量の倍にできるとしています。その反面特定の会社の除草剤を大量に撒いたり、地中の根粒細菌、微生物まで殺し化学肥料以上に土壌を痩せさせ生態系を大混乱させるという意見も多くあるのです。

我々は長年、健康食品として豆腐、あぶらあげを製造してきたので、安心安全に疑問を持たれる遺伝子組み換え大豆は我々の子孫のためにも現段階では使用できないと考えています。

表２－６　世界の遺伝子組み換え作物栽培面積の推移

| 作付け年 | 大豆 | とうもろこし | なたね | わた |
|---|---|---|---|---|
| 1996年 | 50 | 30 | 10 | 80 |
| 1997年 | 510 | 320 | 120 | 140 |
| 1998年 | 1,450 | 830 | 240 | 250 |
| 1999年 | 2,160 | 1,110 | 340 | 370 |
| 2000年 | 2,580 | 1,030 | 280 | 530 |
| 2001年 | 3,330 | 980 | 270 | 680 |
| 2002年 | 3,650 | 1,240 | 300 | 680 |
| 2003年 | 4,140 | 1,550 | 360 | 720 |
| 2004年 | 4,840 | 1,930 | 430 | 900 |
| 2005年 | 5,440 | 2,120 | 460 | 980 |
| 2006年 | 5,860 | 2,520 | 480 | 1,340 |
| 2007年 | 5,860 | 3,520 | 550 | 1,500 |
| 2008年 | 6,580 | 3,730 | 590 | 1,550 |
| 2009年 | 6,920 | 4,170 | 640 | 1,610 |

（単位　万ヘクタール）日本モンサント社発表資料より

表2－7　豆腐製造事業所数の推移

| 年度 | 事業所数 | 年度 | 事業所数 | 年度 | 事業所数 |
|---|---|---|---|---|---|
| 昭和18年 | 47,971 | 平成２年 | 21,859 | 平成11年 | 15,994 |
| 昭和28年 | 43,210 | 平成３年 | 20,865 | 平成12年 | 15,600 |
| 昭和35年 | 51,596 | 平成４年 | 20,140 | 平成13年 | 15,028 |
| 昭和40年 | 47,775 | 平成５年 | 19,394 | 平成14年 | 14,487 |
| 昭和45年 | 40,097 | 平成６年 | 18,780 | 平成15年 | 14,016 |
| 昭和50年 | 33,121 | 平成７年 | 18,173 | 平成16年 | 13,452 |
| 昭和55年 | 28,823 | 平成８年 | 17,599 | 平成17年 | 13,026 |
| 昭和60年 | 25,429 | 平成９年 | 16,804 | 平成18年 | 12,500 |
| 平成元年 | 22,740 | 平成10年 | 16,345 | 平成19年 | 11,839 |

資料：厚生労働省　営業許可事業所数

## (三)　寡占化の問題

昭和三十五年豆腐業者は五万一千軒、平成十九年には一万一千軒、現在は一万軒を切る軒数になります（表2−7）。

この要因としては、以前は製造小売（製造直売）が主流であったのが、流通革新により製造卸に業態が変化していき、さらに小売店、スーパーの寡占化による販売網の縮小、後継者難による倒産、廃業などです。

この傾向はこれから先も続き一千軒を切るのは時間の問題と言われています。企業の生き残りをかけたサバイバルレースで業者の疲弊は進みます。一か所の大工場から全国に供給するという図式になりつつあります。地域の豆腐業者がどんどん減りそれによる地域の職場が減り、ますます地域の疲弊が進みます。豆腐業界はクリーニング業界とともに身体障害者など生活弱者を多く受け入れてきた業界ですが廃業などにより厳しい世間に投げ出される生活弱者も多いのです。

地元で取れた大豆を使い地元の豆腐業者が製造し地元の消費者に提供するという地産地消の原則が豆腐業界にも必要です。効率一辺倒、弱肉強食の論理がはびこる時代に製造技術を次世代に継承することができなければ、豆腐業界にとって不幸なことであろうし、千年続いてきた日本の食文化が滅んでしまいます。

## (四)　おからの問題

食料自給率が四〇パーセントを下回った日本は、海外から膨大な量の食料を輸入する傍らで、まだ利用できる食料を大量に廃棄している現状があります。近くに迫っているであろう食料危機に対し「もったいない」の意識で食品ロスを改善していかねばならないと思います。豆腐製造している我々も、毎日大量の「おから」を発生させ、酪農家で処理できないものは産業廃棄物として大金を払い処理しているのが現状です。

大豆六〇キログラムに対し七〇キログラムから八〇キログラムの「おから」が発生し使用する原料大豆より多くの「おから」が出ることになります。「おから」の有効利用がなされればすばらしいことです。業界では現状は七割が産業廃棄物、二～三割が飼料、肥料で食品とし食べられるのは数パーセントにすぎないのです。今まで我々も「おから」を乾燥したり、微粉末にし豆乳に混ぜ込んだり、酵素分解して豆乳に混ぜ込んだりと試行錯誤しましたが解決策が見つからず現在に至っています。

しかし、「おから」は豆腐並みのタンパク質を含み特に食物繊維が多く、現代人の健康に最適な商品なのです（表2−8）。

「おから」を乾燥し微粉末にした商品がコロッケ、ハンバーグ、餃子、水産練り製品、パン、クッキーなどに少しずつ増量剤とし利用されてきています。これが増量

表2−8　大豆と大豆加工食品に含まれる栄養価

五訂食品成分表より（可食部100gにつき）

| | タンパク質(g) | カルシウム(mg) | 食物繊維(g) |
|---|---|---|---|
| 大　　豆 | 35.3 | 240 | 17.1 |
| 豆　　腐 | 6.6 | 120 | 0.4 |
| 豆　　乳 | 3.6 | 15 | 0.2 |
| お　か　ら | 6.1 | 81 | 11.5 |

剤でなく、「おから」は食物繊維が多く健康に良いというプラスの意識で消費者に認められれば大きなビジネスチャンスが訪れると思われます。

## むすび

大豆タンパクの熱変性を利用したこの豆腐あぶらあげ業界は、例えるならば宮大工が木材の育った山を見て、木の個性、特性を知り千年立ち続ける寺社、仏閣を建てたように、あるいは刀鍛冶が鋼、炎の色、水の質を見て鋼を打ち名刀を作ったように、豆腐、あぶらあげも長い歴史、伝統を持ち、大豆「一粒一粒」を見つめ続けた名も無い多くの匠たちの工夫、努力により今の豆腐、あぶらあげの製造技術が確立されたのです。それにより日本国民の健康な食生活に多大な貢献をしてきたのです。科学的にまだ解明しきれない部分もあり「経験と勘」に頼るところもありますが、それは逆に毎日、少しの工夫で製品がガラッと変わる余地が有るということであり仕事に面白みを感じます。豆乳の煮える匂いを嗅いで、豆乳の色を見て、豆乳の「寄り」具合を見て、豆乳を味わって、生地を触ってみて、豆を磨り潰す音を聞いてみて、人間の五感を総動員しての作業です。この「物づくり」の面白みを如何に若い世代につなぎ、健康食品であるこの伝統食品の技を後世に伝え、新しい技術を導入しやすい環境を作るのかが今後の我々の仕事だと思っています。

# 第3章

# 米の栽培と収穫

押野　和幸

## はじめに

わが家のある天童市は、山形県の中央に位置し人口六万四〇〇〇人、将棋の駒と果物で有名なところです。東部が中山間地の果樹地帯、西部には平坦な水田が広がっていて、その水田地帯の南端に住まいと作業場があります。

この地域はさくらんぼ、もも、ラ・フランス、りんごと果物の産地ですから、市内農家のほとんどは果樹中心の経営をしています。稲作を柱として農業経営をしているのはとても少なく、ちょっと珍しいかもしれません。

筆者は農家の三代目。昭和五十八年に就農して農業人生がスタートしましたが、当初は水田二ヘクタールに果樹とキノコ栽培という経営でした。そのなかで機械設備の効率的利用ということで、近隣の水田を借り受け、

写真３－１　初代、筆者の祖父（後列右から４番目）
基盤整備作業風景（昭和30年頃）

写真３－２　稲刈りの朝（筆者後列左）

始めたのが今の経営の原点です。

現在、筆者と弟それに父の三人で、三五ヘクタールの水田を五〇人の地主さんからお預かりして米作りを続けています。とうぜん土地利用型の農業にとって農地の確保こそが、経営にとって最優先されます。それは売上げの増加、コストの削減に密接に関係してくることはもちろん、借地農業の基盤であるからです。

地域内農家の農地を借りて仕事をしていく中、貸し手農家と地域の利益を最大限考えながら、より高品質で安全な農産物の生産を目指して日々の農作業をしています。

## 一、自然条件

### （一）気候

山形の内陸、山形盆地といわれるところですから、典型的な盆地の気候です。日本海側で東に奥羽山系があるため、やませの影響も受けず真夏には三五度を超す日も多いです。しかし、冬になるとマイナス一〇度まで下がり積雪も五〇センチメートルほどになります。

写真３－３　最上川をせき止め取水する
三郷堰の頭首工

また、一日の寒暖の格差が大きいこともあり、作物にとって最適な生育条件になるのではないでしょうか。そのため、果実では糖度が上がり着色も良く、水稲においては高品質で多収ができるのだと思われます。

### (二) 水

現在、水田で利用しているのは二水系です。

一つ目は面白山を水源とした立谷川上流、山形の古刹立石寺のふもとから取水する山寺堰。春の用水時に川をせき止め山寺堰に引き込み、水田まで自然流下でもってきています。

二つ目は最上川から取水する三郷堰。中山地区に頭首工があり、一〇〇パーセントポンプアップにての用水になっています。

このように、自然水利とポンプアップの二系統の用水を利用することによって、干ばつ時の水を確保しつつ安定した用水の利用ができ、収量と品質の安定した水田経営ができると思われます。

## 二、栽培と収穫

### (一) 土作り

有機物をできるだけ土に還元し、作土の肥沃化を図り気象条件に左右されない作物作りを目標にしています。

すぐにそのことが高品質、多収には反映されずおろそかになりやすいですが、持続して農業経営をしていくには重要なことです。筆者のところでは、毎年の稲わら全量還元と腐熟促進に鶏ふんを散布して鋤き込んでいます。

(二) 肥料

化学肥料は、土壌診断に基づいて必要最小限の使用に留めるよう努力しています。肥料の効率と河川汚染も考えながら、現状では田植同時の側条施肥で対応し、有機肥料を使った特別栽培の作付け割合も増やしています。

(三) 農薬

当地区はラジコンヘリによる空散が主流ですが、農場では農薬使用量を減らすために地上散布に切り替えています。

農薬の減量効果はもちろん大きかったですが、それにもまして農薬の飛散が少なく、周りの環境に対して影響が少ないというのが一番です。

写真３－４　春作業（代かき）

(四) 品種

山形の品種、つや姫、はえぬきが主な作付け品種です。近年当地でも高温障害が出始め、とくに今年は早生種を中心に被害が出てしまいました。品種の選定とともに、田植時期を遅らせるなどの対応も必要と考えています。

### （五）収穫

適期収穫を第一に考え、早生種から順次稲刈を進めていきます。より機械設備を効率的に運用できるように、事前に作業計画を立て余裕を持って作業に当たるようにしています。

## 三、出荷

ＪＡ、米卸業者が中心ですが、ネット販売にも少しずつ取り組んでいます。

米価が下落していく中、生産だけではなかなか利益が出ない現状にあるので、これからは積極的に販売にも踏み込んでいかなければなりません。そのためにも、営業力のある人材の育成も必要と考えています。

写真３－５　収穫最盛期

写真３－６　農場の米

## 四、作業の効率化

現在優先的に取り組んでいるのは、圃場の畦を取り除き大区画圃場にすることで、昨年から少しずつ増やしています。大型機械を導入していくうちに小区画圃場での効率の限界が見えてきたのです。将来に向けてコストを下げ続けるには必要不可欠ではないでしょうか。それもまた、すぐには効果が出るものではないですが、必ず効果のあるものと確信して続けていきます。

## 五、課題と展望

現場では、米価下落の中、専業農家の淘汰と選別が始まっています。個々の農家自身が資本力、技術力、人材その他さまざまな違いがある中、さまざまな方法で生き残りの道を模索している状況です。

そのような中、ＴＰＰなど外国との競争を考えるのはもちろん必要ですが、その前に日本の中、地域の中できっちりとした経営の基盤を確立する必要があると思います。それができてこその国際競争です。

筆者の農場もまだまだ未熟でたくさんの作業や経営の改善点があり、日々改善改良をしながら仕事をしていますが、なかなか目に見える成果が出ないのも事実です。それでも、少しずつでいいから前進していこうと家族でも話しています。

就農して二七年、これからも何が起こるかわかりませんが、挑戦する気持ちだけは無くさないで仕事をしようと思っています。たいへんな時もありますが、それもまたスパイス。ますます将来が面白くなりそうな予感です。

写真３−７　山形の郷土料理「だし」
暑い夏、ごはんと一緒に

写真３−８　猛暑の今年、順調に生育した玄米

# 第4章

# ラ・フランスの栽培と収穫

黒田 源

## 一、ラ・フランスについて

最初に「ラ・フランス」という果物について説明したいと思います。ラ・フランスは一八六四年、フランスのクロード・ブランシェ氏が発見した西洋ナシの品種で、交雑親は不明です。ブランシェ氏は、その西洋ナシの美味しさに「わが国を代表するにふさわしい果物である」と称え、「ラ・フランス」という名前を付けました。

日本には一九〇三年、農事試験場（静岡県興津）に導入されました。当初、外観が劣ることから、主要品種であった「バートレット」の受粉樹として栽培されていました。しかし、食味がきわめてすぐれることから、生食用品種として見直され、急激に栽培面積が増えました。その結果、ラ・フランスは、全国の西洋ナシ栽培面積の約八〇パーセントを占めるまでになりました（二〇〇二年）。主な産地は東北地方や長野県で、中でも山形県が栽培面積の七〇パーセントを占めています。しかし、病気に弱く栽培が難しいことから、今や母国フランスをはじめ海外では作られておりません。

ラ・フランスの特徴はなんといってもその高貴な香りにあります。二〇〇一年に、山形県立園芸試験場がその香り成分を調べたところ、主に酢酸エステル類と呼ばれる香気成分が検出されました。この酢酸エステル類は追熟するにしたがい増加し、果実が腐り始めると減少します。そのため、この香りの多さが食べごろを見分ける一つの目印になります。

## 二、黒田果樹園の歴史と創業

筆者の住む山形県上山市皆沢は、昔から果樹栽培の盛んな土地柄であり、県内はもとより全国でも有数の果樹産地であると考えております。そのため、希望を持った若い後継者が数多く存在しています。特に西洋なし（ラ・フランス）、オウトウ、ブドウの歴史は古く、明治時代に導入をされた農家もおり、今では大規模な果樹経営を行っている農家も多数おられます。

筆者の家は専業農家で、筆者の代で五代目になります。父は酪農と水稲と林業を営んでおりました。しかし、筆者は高校時代園芸科を専攻し、特に果樹園芸に関心を持ち続けていました。そのため、筆者の代になり、経営を果樹専業に切り替えました。今まで、当家では果樹栽培に携わったものがいなかったため、暗闇の中を手探りする気持ちでスタートしました。

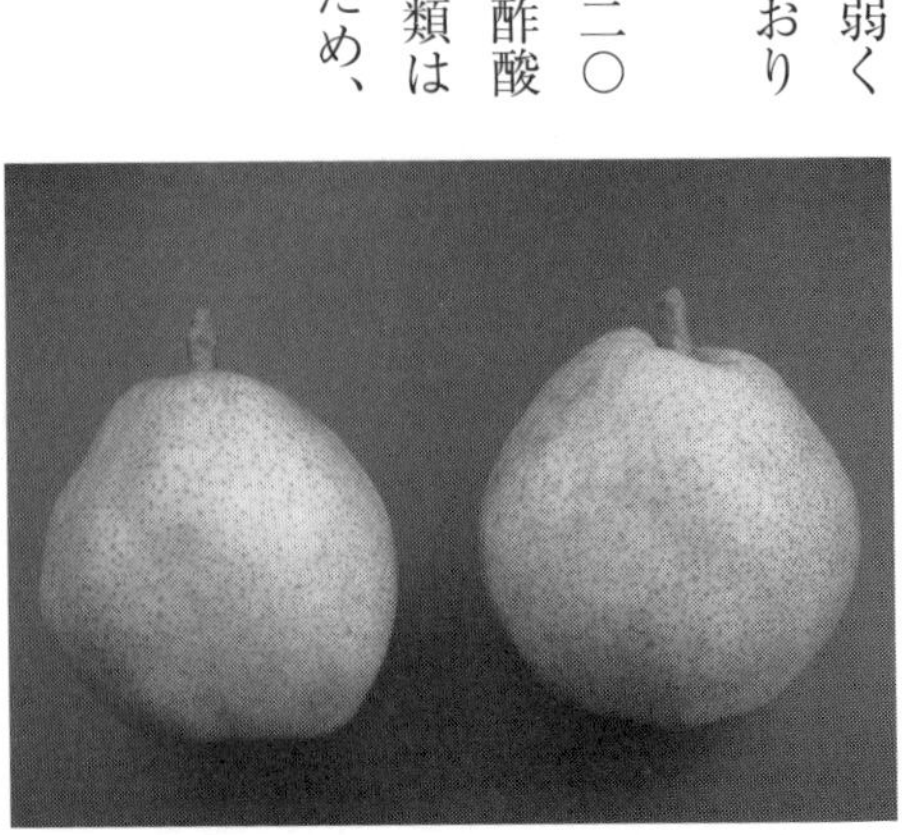

写真４－１　ラ・フランスの果実

ラ・フランスの栽培は、昭和五十三年から本格的に取組み始めました。当地には古くからラ・フランスを栽培している優れた生産者が数多くいました。その生産者の栽培方法は、オリジナリティーのある栽培方法ばかりで、その家その家で異なっていました。そのような環境で、筆者はさまざまな方に出会い、剪定を含めた栽培方法を教えてもらいました。

その後、筆者は筆者なりに考えをまとめ、誰にでもできる簡便な剪定方法を思いつきました。今では、その剪定方法により、大規模な面積でも質の高い果物を得ることができるようになりました。

## 三、自然条件

### (一) 気候について

当園は、朝日山脈と奥羽山脈に囲まれた山形盆地に位置しています。

春から夏にかけ、奥羽山脈は、太平洋側より吹き付けるやませ（山背風）をブロックします。やませ（山背風）とは、オホーツク海より吹いてくる温度の低い北東の風です。

また、盆地の中は、比較的空気の流れが少ないため、夏は太陽の熱がこもり、高温

写真4－2　筆者の妻と筆者

写真4－3　黒田果樹園全景

を作り出します。

冬には、日本海側から湿った冷たい季節風がやってきます。その季節風が朝日山脈にぶつかるときに、水蒸気が雪へと変化し、大雪を降らせます。そこで水蒸気を失った季節風が山形盆地に適度な雪を降らせます。適度に降り積もった雪は、凍結から果樹の根を守ってくれます。これは、雪の保温効果によって土の中が零度以下に下がらないためです。

このように山形盆地は、夏暑く、冬は適度な雪が降ります。また、一日の寒暖の差も大きくなることから、果樹に適した気象条件になっています。

## (二) 土壌について

当園の土壌は、三つの要素によって成り立っています。一つ目は当園付近一帯に広がる赤土（通称）です。赤土は粒子が粗いので通気性、通水性に優れています。そのため、養分も土壌の地下深くまで浸透していきます。また、樹の根も深くまで伸びることができ、樹へ大量の土壌養分を送ることができます。

二つ目はこの赤土に含まれる微量要素です。微量要素は少量しか必要ありませんが、樹が生育を行うのに必要不可欠な物質（必須元素）です。具体的には、鉄（Fe）、銅（Cu）、マンガン（Mn）、亜鉛（Zn）、モリブデン（Mo）、ホウ素（B）、塩素（Cl）を指します。当園の樹は、この天然の微量要素によって病害虫に負けない健全な状態に保たれています。

三つ目は土壌バクテリアやミミズの存在です。これらは、地表の粗大有機物を分解し、土壌に入り込みやすい有機物に変化させます。これら土壌生物の繁殖により、土と土の間に隙間ができ、有機物が土壌深くまで入り込みます。これら有用な土壌生物を殺さないように、除草剤は一切使用しておりません。

このような土壌条件によって、果樹に適した肥沃な土壌が形作られ、味の良い大きなラ・フランスが生産されます。

## 四、栽培と収穫

### （一）平棚・無袋栽培

ここ上山市は、古くから平棚・無袋栽培ラ・フランスとしてブランドを確立しており、現在もほぼ一〇〇パーセント棚仕立てで栽培されています。

立木栽培に比べた場合、平棚栽培にはさまざまなメリットがあります。

一つ目は、高品質の果実を生産できることです。樹の形が平面であるため、樹の栄養成長が抑えられ、果実が大玉になり、大きさも揃います。また、葉や果実に太陽の光が均一に当たるため、ラ・フランス特有の香りが強くなり、甘味の多い果実を生産できます。果実ごとの味のばらつきもほとんどないため、当たり外れがありません。

二つ目は、安定生産が可能であることです。風による落果や擦れ傷が少ないため、収穫時期に台風が来たとしても、その影響を最小限にとどめることができます。また、立木栽培に比べ隔年結果（果実の出来が一年おきに良・不良を繰り返すこと）が少ないことから、毎年安定した生産量を確保できます。

写真4－4　平棚・無袋栽培

三つ目は、効率的に管理作業ができることです。平棚の高さは、一・八～二メートルの高さであることから、摘果、徒長枝管理、収穫など、脚立に登らずに行え、これらの作業を短期間で安全に行うことができます。もちろん、立木栽培に比べ、デメリットもあります。棚を作るのに経費がかかること、樹の作りが平面的であるため、収量が少なくなること、冬季の剪定・誘引に多くの時間を要すること、雪が棚に積もるため、雪降ろしに多大な労力がかかることが挙げられます。

## (二) 整枝・剪定

当地区には、剪定の名人と呼ばれる人がたくさんおりますが、その人その人で考え方が異なるため、剪定の方法も千差万別です。その方々から丁寧に剪定方法を教えてもらう中で、筆者自身が考えついたテーマが二つあります。

一つ目は、誰でも簡単に剪定作業ができないかということです。二つ目は、徒長枝（栄養成長が盛んで果実を着けない枝）の発生をいかに抑え、果実に養分が流れやすい樹形にできないかということです。

写真４－５　剪定作業（冬期）

筆者は、これらのテーマに取り組みました。まず、ラ・フランスを二本主枝に仕立てました。そして、亜主枝（主枝に対して横方向に伸びる枝）を棚面に配置し、結果枝（果実を着ける枝）を亜主枝の内側に多く配置しました。なぜなら、亜主枝の外側に結果枝を配置してしまうと、そこから強い徒長枝が出てしまい、亜主枝先端の伸びを弱くしてしまうからです。

また、徒長枝の発生を抑え果実に養分を送るためには、亜主枝の先端まで、養分をスムーズに流れさせる必要があります。そのためには、亜主枝先端の一年生枝の長さを四〇～六〇センチメートルの範囲に収まるようにしなければなりません。それ以上長くなると、果実の味の低下を招き、逆にそれ以下でも、果実の肥大が悪くなってしまいます。

また、結果枝も四～五年で更新します。結果枝の太さが太くなってしまうからです。太くなった部分には花芽がつきにくくなり、ついたとしても弱い花芽になってしまうからです。さらに、結果枝を作る際には、なるべく果台枝（果実が実った後にできる枝）を用いるようにしています。果台枝は太くなりにくいため、長期間に渡って良質の果実を生産することができます。

## （三）管理作業（摘蕾、摘花、仕上げ摘果、徒長枝整理等）

当園では、摘蕾および一輪摘花を実施しています。この作業を行うことにより、大玉生産、隔年結果の防止が図られます。

摘蕾とは弱い蕾や、余分な蕾を取り除く作業です。また、一輪摘花とは花が咲き始める段階で花そうに一つの花を残す方法です。花そうとは、六～七個ほどの花が一つの軸を中心に咲いている状態を言います。

摘蕾、一輪摘花を行うことにより、開花に使われる貯蔵養分の消費を少なくすることができます。そこで残った貯蔵養分を使って、果実の肥大を良くしたり、樹の勢いや新梢の伸びを良くします。

また、一輪摘花は、予備摘果（実の状態で花そうに果実を一つにする作

写真4－6　一輪摘花

業）より、短期間でできるので、労力軽減につながります。しかし、一輪摘花は、ごく限られた時間の中で行う必要があります。なぜなら、満開になってしまうと作業効率が悪くなってしまうため、蕾がやや膨らみはじめた状態（バルーン状態）から満開直前までのごく短い期間（四〜五日）に行う必要があります。また、花そうの真ん中にある中心花と呼ばれる蕾（花）は残してはいけません。その中心花以外で一番早く咲きそうな蕾（花）を残すようにします。中心花は形の悪い果実になり、一番早く咲く花は一番大きくなる傾向があるからです。

開花三〇〜四〇日後から仕上げ摘果を行います。この作業を七月下旬まで二〜三回に分けて行います。平棚仕立ての場合、一平方メートルあたり一〇〜一二果程度残すようにします。それと同じ期間に徒長枝（新梢）の整理も行います。亜主枝先端に養分が流れるように、太く長い徒長枝（新梢）を取り除きます。また、横方向に出た弱い徒長枝（新梢）は、結果枝の候補として残します。

### （四）輪紋病の防除

ラ・フランスにおける難防除病害は輪紋病です。輪紋病の症状ですが、最初に果実の表面に茶褐色の小斑点ができます。その後、追熟が進むと同時に円形や輪紋状に広がり、やがて病斑の周りが水侵状になり、亀裂を生じて汁が出たりします。

梅雨の時期に感染が多いことから、その時期の防除が最も重要です。平棚栽培では、立木栽培に比べ、農薬がむらなく散布できるため、輪紋病の発病率は少ない傾向にあります。

農薬ですが、やはり良い面と悪い面が両方あるものだと思います。しかし、以前と比べ現在使われている農薬は、果実に残留しにくいものばかりです。例え果実に残留したとしても、ごくごく微量であるため、人体に与える影響はほとんどないと考えられています。

### (五) 殺虫剤の削減

当園を含め上山市では、性フェロモン剤（交信攪乱剤）を使用しています。性フェロモン剤とは、害虫（シンクイムシ等）のメスが出す性フェロモンと同じものを人工的に作り出したものです。この性フェロモン剤を、園地の枝に均等の間隔で結びつけることにより、害虫のオスとメスが出会えなくなります。その結果、卵の数を減らすことができます。このことにより、園地の中の害虫の数を少なくすることができ、殺虫剤の散布回数も減らすことができるようになっています。また、平棚栽培は立木栽培に比べて、フェロモン剤の成分が園地全体に広がりやすいため、性フェロモンの効果が高い傾向にあります。

写真4－7　性フェロモン剤取り付け作業
手前の管状のものに交信攪乱剤が入っている

写真4－8　収穫風景

### (六) 収穫、予冷

西洋なしは、収穫後、一定の期間寝かせる（追熟）ことでおいしく食べることができます。収穫が早すぎると、追熟にかかる日数が長くなり、糖度が低く、香りが少なくなります。逆に、収穫が遅れると、追熟日数は短くなりますが、肉質が粉質化しやすく、また内部褐変（追熟や貯蔵中に果肉が茶色に褐変してしまう現象）が発生しやすくなります。

したがって、収穫時期の判定が非常に重要になってきます。

収穫時期の判定としては、満開から一六五日後、硬度（一〇〜一一ポンド）、ヨード反応指数（一・五〜二・五）等、いくつかの指標に基づき、総合的に判断します。ヨード反応指数とは、果実中のデンプンの含量を調べる方法の一つです。これらの指標の他に、樹から果実をもぎ取る際の、もぎやすさを一つの指標にしています。果実の果梗（個々の果実を着けている柄の部分）が、枝から離れにくければ、まだ収穫時期が早い証拠です。果実の果梗がパキッという音を立てて簡単にもげるときが適期です。収穫が遅れると、ちょっと触っただけで果実が落ちてしまうようになります。

当園では、これらの指標をもとに中心日を設定し、五〜六日間収穫作業を行います。また、それと並行して選果作業、冷蔵庫への搬入も行います。

ラ・フランスには、予冷が必要です。予冷とは、一定期間低温状態（〇〜二度で一〇日間以上）に置く処理のことです。この予冷を行うことにより、果実の熟度が揃い、食味が向上し、輪紋病による果実腐敗が少なくなります。収穫してから三〜四日もしてから果実を冷蔵庫に入れては、この予冷の効果が十分に発揮できなくなります。

そのため、その日収穫した果実は、その日のうちにすべて階級分けし、冷蔵庫に搬入します。

（七）追熟、出荷

ラ・フランスは収穫してすぐに食べることはできません。冷蔵庫で予冷後、追熟が必要になります。追熟とは室温（一八度前後）で一定期間ラ・フランスを寝かせることを言います。当園では、予冷後、一週間ほど小屋で寝かせてから出荷します。追熟を開始してから食べごろになるまでの期間は、一般的に一五日前後といわ

写真４－９　出荷風景

れています。しかし、追熟期間は温度によって左右されるため、ラ・フランスを寝かせる部屋の温度によって異なってきます。つまり、室温が高い部屋に置いた場合、早く食べごろになりますが、室温が低い部屋に置いた場合、食べごろが遅くなります。

追熟を行うことにより、果肉が軟化してきます。しかし、ラ・フランスの外観はほとんど変化しないため、果実を手で押してそのやわらかさで判断しなければなりません。そのやわらかさを判断するためには少しばかり経験が必要です。そのため、当園では、我々生産者がその食べごろを予測し、産地直送で発送する一箱一箱に、食べごろの目安となる日付を書いたしおりを入れています。この日付を目安に、お客様にラ・フランスを召し上がっていただいています。

また、追熟期間中のラ・フランスの食感はさまざまに変化します。食べごろより少し前の食感はシャリシャリしています。甘みや香りは少ないのですが、さっぱりとした味を楽しめます。次に食べごろの食感ですが、果肉がなめらかになります。この時期になると甘みと香りを充分に楽しむことができます。最後に食べごろを少し過ぎた食感ですが、果肉がとてもやわらかくなり、とろとろしてきます。果汁が多く、甘みもさらに増してきますが、芳醇な香りは少なくなります。

当園のお客様は、しおりの日付を目安にして、これらの食感を楽しむことができます。そして、お客様の好みの味を見つけ、お客様ご自身で追熟する喜びを感じることができるのです。

### （八）土壌管理

通常、肥料を過剰に施すと、りんご等の着色する果物は、色がつきにくくなりますが、ラ・フランスは着色しない果物であるため、どうしても肥料を多くやりがちです。肥料を多く施せば、果実は大きくなります。しかし、糖度・肉質・香り等の食味は悪くなり、内部褐変が起きやすくなってしまいます。

当園では収穫後に、窒素量が一二～一五キログラム／一〇アールになるよう秋肥を施しています。春施肥や追肥は内部褐変を引き起こしやすくなるため、行っていません。また、毎年土壌調査を行い、ｐＨやカルシウム、マグネシウムの量、ＣＥＣ（塩基置換容量）の量を調べ、土壌改良資材等を施します。

また、有機物として、完熟した牛ふん堆肥を毎年一トン／一〇アール程度施します。有機物の施肥は、土壌をやわらかくし、水・肥料のもちを良くし、土壌微生物を活性化させます。そのため、樹の根張りが良くなり、根は土壌中の水分・養分を充分に吸い上げることができるようになります。

## 五、現状の課題と将来の展望

ラ・フランスの消費はまだまだ伸びる可能性があると思います。しかし、食べごろの判断が難しいため、ラ・フランスの本当の美味しさを知らない方が数多くいらっしゃいます。そのため、食べごろをわかりやすくすることが、消費拡大の鍵だと思われます。

また、生産者や生産地によりラ・フランスの味も千差万別です。実際、本当に美味しいラ・フランスを作っている生産者は非常に

写真４－10　贈答用ラ・フランス

少ないのではないでしょうか。生産者は、究極の味・本物の味を目指し、切磋琢磨しながらもっと努力していく必要があると思われます。

最後になりますが、黒田果樹園ではラ・フランスに関するホームページを開設しております。ラ・フランスの栽培方法や食べ方をもっと詳しくお知りになりたい方は、左記アドレスにアクセスして、当園のホームページをご覧ください。http://www.kurodaorchard.com/

なお、執筆の取りまとめにあたり、山形大学・丹野憲昭教授、ラ・フランス農家・井上正廣様、山形県農業総合研究センター園芸試験場・斉藤芳郎様から、多大なご協力とご指導をいただきました。ここに深く感謝の意を表します。

# 第5章 安全な機能性食材、もやしの持続的安定供給

早乙女　勇

## はじめに

昨今の地球温暖化に伴う異常気象によって、多くの畑・露地栽培の農作物の不作が頻発し、穀物・野菜・果物などの持続的な安定供給が破綻を来し、価格の高騰が続いています。そのような中、消費者によって最も注目されている食材が「もやし」です。気象に影響されない屋内で、厳密な衛生管理・コンピュータ制御のもとで、植物が本来具備する生物機能に着目して栽培される安心・安全な食材であります。

日本で言われる「もやし」の語源は、動詞「もやす（萌す）」の名詞化で、芽が「萌え出る」こと、若い芽がぐんぐん伸びていくという意味から、その名がついたと言われています。

現在、日本国内で流通するもやしの種類には、中国産等の緑豆を発芽・成長させた緑豆もやし、タイやミャンマー産等のブラックマッペを原料としたブラックマッペもやし、大豆を原料とした大豆もやし等があります。

緑豆もやし　ブラックマッペもやし　大豆もやし

写真5－1　もやしの種類

二〇年以上前はブラックマッペもやしが国内もやしの主流でしたが、消費者嗜好の変化に合わせて現在は緑豆もやしが全国の消費量の九割以上を占めています。

英語では、これら豆類を原料としたもやしをBEAN SPROUTと呼び、中国語では豆芽（トウヤ）と呼ばれています。

「もやし」、「スプラウト」は植物の新芽の呼称で、発芽野菜とも言えます。植物の種子を暗所で発芽させ軟白した状態の「もやし」と、発芽後に葉に光を当てた（グリーニングと呼びます）カイワレ大根様の「スプラウト」があります。

近代になり、カイワレ大根、アルファルファスプラウト、ブロッコリスプラウト、しそスプラウト、そばスプラウト等さまざまな高機能性の種子を使用して光を当てたりし、機能性を打ち出したスプラウトや、もやしが健康食として認知され国際的に普及しています。

日本でも、ブロッコリスプラウトがガン予防効果の高い食品として注目を集めるようになりましたが、今後の機能性の研究でますますこれらの発芽野菜が注目され、健康食品や医薬品に応用が進むことでしょう。

当社で栽培したある種類の種子のスプラウトから成分を抽出し大手化粧品メーカーのアンチエイジングの基礎化粧品用に使われ発売されたことがありました。

## 一、もやしの起源

もやしは、人類が初めて植物の種子が発芽することを見いだし、人為的に発芽・成長させることに成功したことから始まったとされています。記録としては、キリンビールの工場見学に行ったときに麦芽から造ったビールが五千年の歴史があると聞きましたので、麦芽の発見、利用が早かったのでしょう（麦芽の歴史・記録、キリンビール（株）より）。

現時点で信頼のおける書籍『麦酒醸造学』（松山茂助、東洋経済新報社、一九七〇年）の第一章総説・第一節の「ビールの沿革」の項に麦芽をビール原料として使用した最初の記述は、ドイツの文献（E. Huber(1926)Veroff. Gesch., I, Babylonien und Agypten, 10）のようです。

中国では、二千年前の古墳から出土した竹簡に、もやしに関する記載があり、それによると薬用に用いられていたようです（北京農業科学院訪問、もやし専門家の張徳純研究員より）。

また、かつてレオナルド・ダ・ヴィンチの「最後の晩餐」の食卓に麦芽パンが描かれていると聞き、イタリアに見に行ったこともありました。

発芽の方法は、中近東地方（バルカンや西南アジア）、東部地中海沿岸から東方イラク地方、トルキスタン地方を経て中国に渡りそれが広く伝播し日本にも伝わ

カイワレ大根

豆苗

ブロッコリスプラウト

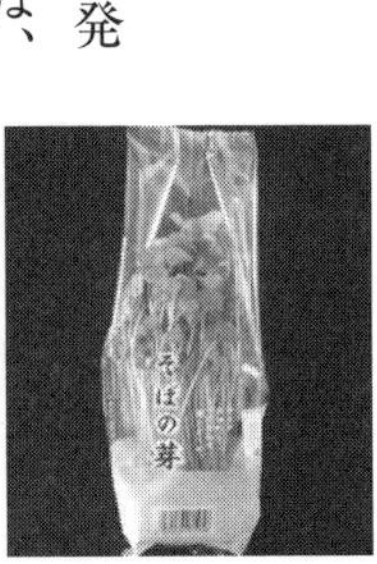

そばスプラウト

写真5－2　スプラウト

ったとの説が有力です。種子を貯蔵し、栽培利用することを学んだ人類は、種子の発芽やもやしの利用を通して生活を発展させてきたのです。

## 二、事業の歴史と創業理念

当社は昭和二十九年二月に栃木県栃木市でもやしの生産・卸業を創業しました。筆者の母方の叔父が東京中野区野方にある「野方園」という親戚のもやし店でもやしの栽培・販売の修行をし、当時栃木県にもやし生産者がいなかったため栃木県で普及販売しようとわが家の納屋を改造して独立、スタートをしました。戦前戦後の、東京のもやし生産者は地名に園を付けた屋号か、〇〇商店が多かったため、当社も栃木市川原田町上原地区の地名に園をつけ上原園と社名を決めました。

また生産者はもやしの栽培技術を秘密にしており、栽培方法が知られていなかったため、創意工夫で独自に技術をマスターするか、戦前から続くお店に勤めた身内や出身地の人等が修行して独立する例が多かったようです。その後、創業年代により、社名の特徴も変わり昭和三十年代には〇〇もやし店、〇〇食品、四十年代〇〇食品工業、〇〇物産、五十年代〇〇フーズなど生産者の急増、大型化とともに社名も変換して全国に一、二〇〇社以上を数えるようになりました。

スタートして間もなく叔父の仕事が忙しくなり、母も手伝うようになりました。やがて実家の製材所に勤務していた次男の父が、戦時中に学徒動員で中国の戦線に行っており冬の野菜不足の時にもやしを食べて健康に役立った経験をしたことから、新しい事業の将来性に注目し、共同経営として参加するようになりました。生産量を増やしながら栃木市内から県南地区、宇都宮、鹿沼と広げていきましたが、まもなくもやしムロの暖房の火が原因で火災が発生し、もやしムロ、作業所、住宅を全焼してしまいました。急遽施設を整え再開しますが、その間、宇都宮に同業者が二軒でき出荷が始まり、宇都宮、鹿沼では販売競争になっていました。そのため、当社では栃木市、小山、佐野を中心に、茨城県結城市、下館市、古河市、群馬県館林市と南部方面を中心にと出荷先が広がり、やがて首都圏に伸びることになりました。

昭和二十九年のスタート当時のわが家のもやしの栽培は修業先の生産方法に習って木桶を栽培容器に使用していましたが、昭和三十三年ころから桶から栽培枠に切り替わりました。その後創業者の叔父はマーケットの広い東京に出て練馬区旭町に、昭和三十四年七月、成増「上原園」を分社独立しました。

昭和三十五年八月には工場増設とともに衛生面を考慮して、「大型のタイル枠栽培」に切り替え栽培の効率化を行いました。さらに昭和三十八年七月には隣接地を拡張して、それまではすべてが手作業で機械化がされていませんでしたが、実家の製材所では大型の製材機を導入していましたので、同じように省力化したいと、タイル枠を廃止して鉄骨の栽培枠上部にレールをつけ自動散水機が走行して、もやしの散水が行えるように、地元の鉄工所と電気工事店に注文しながら一日四回の散水の自動走行散水機を導入しました。

昭和四十一年六月にさらに隣接宅を移転買収し拡張して、出荷包装作業室のレイアウトの刷新を図り、もやしの洗浄も水槽を流れて水車で洗えるようになりました。さらに土地建物を拡張しましたが、三年ほどで狭くなり、この時代から他社に先駆けて自動化、大型化を行いました。

スタートしたころは荒く編んだ竹篭に新聞紙を敷き、緑化防止のために新聞紙を被せ、自転車の荷台に乗せて青果店を回りました。もやしの販売は、注文量のもやしを水の張った桶に入れて、青果店で量り売りをしていただくという方法で、料理法のチラシを配りながら卸売をしました。

間もなく、青果市場に出荷するとまとまって売れるので良い、と青果店から教えていただき市場出荷に切り

育成室　洗浄ライン　包装

写真5－3　出荷

替わりました。竹篭の後、米の紙袋を再利用で半分に切って開口している上部はミシンで縫い容器にして出荷した時期がありました。それまでの容器は市場では扱いづらく、やがて一貫目入り（三・七五キログラム）のポリ袋の荷姿に変わり、運搬が扱いやすくなりました。

もやしの出荷は早朝暗いうちから始まります。各地の青果物卸売市場のセリの時間に間に合うように大変忙しい作業で、出荷、洗浄、計量、包装作業を経て、トラックに積み、各地の青果市場に出発しました。ムロ出し、洗浄は大人が作業していましたが、計量包装作業は近所の中学生たちがアルバイトで流れ作業で行い、まるで大変効率の良いクラブ活動のような作業状況でした。筆者は小学校低学年からこうした作業を手伝って学校に通っていましたので輪ゴムでポリ袋の口を止める作業は誰よりも早くできると自負していました。また創業のころからの工場内の様子を思い浮かべることができます。

高校を卒業して家業の仕事に就くつもりでいたところ、卒業式の近づいたころ、突然父が就職を頼んできたからここへ行って来いとのことで、都内の青果店に一年半修行後、東京文京区駒込の内海商店（もやし卸業）と成増上原園にて二年間ほど修行をしました。そのおかげで都内の道に明るくなり、後年都内の販売先が増えてきたときの配送にずいぶんと役に立ちました。東京での修行時代も、野方園を中心に、そこから独立した人たちと親しい同業者が入った会の「我が家会」の集まりには叔父に同行し参加していました。また東京の生産者組合の会員同士でも親しい関係でしたのでもやし業

写真５－４　２作目の会社パンフレット
工場見学配布・定期採用・営業用に活躍。業界でいち早く作成しました。

界の歴史や業界のことを知りやすい立場だったと思います。

やがて実家の仕事が忙しいからと呼び戻され、入社しました。当時、日産六〜七トン規模の工場も手狭になり、注文に応じきれない状況のため、工場近くの、都賀町平川に移転するという計画が挙がっていました。父とともに設計士と工場設計の打合せをし、許認可の手続きや、工事の進行に立会い、昭和四十七年三月、筆者が二十四歳の時に、日産二〇トン規模の新工場の立ち上げを経験しました。しかし、大型化し育成の技術が伴わず大変苦労しました。

またこの年結婚し一年後に娘が生まれ、続いて二人目を授かり、忙しいけれど充実した時期を過ごしました。二十七歳の時、父が脳梗塞で倒れ仕事を離れたため、経営を一手に引き受けることになりました。このころから我が子に安心して食べさせられる食物は、自分で育てているもやしが一番安心であるという思いが強くなりました。普段無口な筆者がもやしのことになると夢中になり、「当社は、もやしを無添加、無漂白、無農薬で作っておりわが子にも安心して食べさせられる何よりも安全でおいしい食物です」と、自信を持ってお客様に説明していたことが思い出されます。

## 三、もやしの研究

栃木県のもやし生産者団体の組合で青年部長をしていた筆者が三十代のころ、広報活動でセミナーを開催、中小企業団体中央会にアドバイスをいただき、宇都宮大学の食物化学の先生に「もやしの機能性」について大変興味深いご講演をしていただきました。それまでもやしは、「ビタミンＣや食物繊維が豊富で美容と健康に良い」と言われていましたが、「もやしには第三の機能性があり、健康を維持するなどの機能が今後注目されるだろう」という話の中で「機能性食品」という言葉を初めて耳にし、もやしの事業に自信を深めることができ、その研究に興味を持ちました。

その後、海外の国際的なもやし生産者団体・米国シアトルに本部を持つＩＳＧＡ（International Sprout Growers Association）に正会員として登録し、日本から唯一の参加メーカーとして一〇年以上、毎年年次大会に参加を続けました。大学によるもやし関連の研究成果発表など有意義な内容の大会であることから、日本からの参加を仲間のメーカーに呼びかけ参加者を増やし、同時通訳を頼むことができるようになりました。そして、いつか日本で世界中のもやし生産者が集まる国際会議を開催できたらと思うようになりました。

二〇〇五年のサンフランシスコ大会では、筆者が「発展している日本のもやし産業の実情」を同時通訳で講演することができました。その報告がきっかけで日本のもやし産業の理解が進み、大会開催の要望が高まりました。帰国後、日本のもやし生産者団体「全日本豆萌工業組合連合会」の総会において、ＩＳＧＡと共催での日本大会の開催が決定されました。

アジア初の日本への誘致が成功し、二〇〇七年四月十六日から十九日にかけて、第一七回ＩＳＧＡコンベンションが開催されました。筆者は早くから大会に参加し、日本のもやしメーカーでは唯一のＩＳＧＡ正会員でもあったことから、組合から実行委員長をやらせていただくことになりました。世界のもやし生産者、関連業者、マスコミ等計二〇七名の参加のもと、ホテルニューオータニでの二日間のセミナーと、栃木県の工場視察ツアーを実施し、鬼怒川温泉では栃木県知事にご出席をいただき、大交流パーティーとなった懇親会を開催し

写真５－５　ISGA会長、ボブサンダーソン夫妻（前列左から３、４人目）を囲んで
左から２人目が筆者

写真５－６　栃木県知事挨拶

写真５－７　懇親会フィナーレ
左から７人目が筆者

ました。最終日には、世界一のもやし生産県である栃木県の、文化と水と環境を感じていただく日光ツアーを企画しました。多くの優秀な実行委員会メンバーに助けられ、従来のＩＳＧＡの会議の三倍にも達した参加者とともに、四日間の大会を成功裡に終えることができ、この大会でも永年思い描いた夢を実現することができました。

## 四、環境（生産設備）

かつては、一つの町に多くの豆腐屋さん、納豆屋さんなどの商売が成り立っていたように、九州などの早くからもやしの商売が発達した地域ほど、一日に数百キロから数トンの小規模の生産者が多く見られました。

徐々に大量生産に対応した、品質の良い生産者は売上げを伸ばし、大型化していきますが、一方では、市街地での生産を続けて生産設備に投資をせず、近代化に乗り遅れたり、後継者不足や意欲をなくした生産者の廃業が多くなっています。現在全国の生産者数は二〇〇社を切ったかと思われます。

もやしの栽培には清潔な環境が不可欠であり、豊富で清潔な地下水、整備された排水路、廃棄物処理、消費地に近い物流の利便性等、都市部を離れ条件の整った郊外に工場設置の重要性が高まっています。

また今後は環境への取組みが重要課題になっています。日産一〇〇トン以上を誇る大型工場は、栽培効率が良い反面、物流範囲が広がり、トラック輸送による炭酸ガス排出量も多くなります。今後は地産地消、鮮度重視の流れの中で、効率のよい中型栽培施設の適正規模が明らかになってくると思います。

もやしの育成においては、熱湯を使用した種子消毒、育成室温、散水温などを上げる熱エネルギーが使われ、包装時や、出荷保管の定温流通の温度を下げる冷却エネルギーも必要です。当社でも天然ガスのボイラーへの切り替え、太陽熱温水器の導入、ヒートポンプの導入等、次期の工場計画に向けて、環境対応、省エネルギー工場の実験やプランを練っています。

## 五、栽培と収穫——もやしの特徴——

日本式のもやしの栽培には農薬はもちろん、土も培地も液肥も使うことなく良質な種子と水と、正確な環境コントロールだけで栽培されています。現在では市場性の高い高品質もやしの育成技術のレベルは高く、技術の研鑽を積んでもその域に達せず衰退していく生産者も多いようです。

緑豆もやしの生育回転数は三〇～四〇回転／年間、栽培床一〇平方メートル当り四～五トンの生産が可能、完全恒温室型の栽培室で環境コントロールのもと栽培されるので、畑や露地栽培と比較して天候に左右されず計画生産ができ、栽培サイクルも短いため、すぐに需要に応じた出荷が可能です。

一方、もやし育成中は高温多湿の環境下、殺菌剤や農薬を一切使用しない栽培のため、カビ菌や細菌汚染による腐敗が発生しやすいことと、暗黒下で高密度栽培のためグリーニングできず、光照射による有効成分の生成や殺菌作用が伴わないという欠点があげられますが、当社では長年の研究によって確立した熱湯殺菌による種子消毒と、出荷後の空いた栽培室の洗浄殺菌を徹底的に行い、欠点を克服しています。

## 六、日本の市場――近郊型・地産地消――

日本国内もやしの市場規模　四五〇～五〇〇〇億円／年
〃　生産量　四五万～五〇万トン／年
〃　生産者　二〇〇社前後
（緑豆、ブラックマッペ、大豆もやし含む）
スプラウトの市場規模　八〇～一〇〇億円？
〃　生産者　五〇社前後
伝統的製法のもやし生産者・・・（土耕栽培）
青森県南津軽郡大鰐温泉、大鰐もやし組合　六名
山形県米沢市小野川温泉、小野川もやし業組合（共同作業）

熊本県熊本市、　　　水前寺もやし　　二名

（二〇〇七年四月・世界もやしスプラウト大会実行委員会調査）

## 七、世界の市場

もやしの栽培は世界中多くの国で、規模は少しずつ拡大していますが、多くの零細な生産者を見ることができます。近年もアジアを中心に、アメリカ、ヨーロッパ各国のチャイナタウンやコリアタウンの食材用途として昭和三十～四十年代の木桶や樹脂製容器等を使った方法で栽培されています。南米では日系人生産者四社を確認しておりＭＯＹＡＳＨＩの名前で販売されています。

また、アメリカ、ヨーロッパでは、近代的な大型工場が多数成功して白人向けにも健康食品として消費が伸びています。中国においても二〇〇〇年代から大型工場ができ始め、ここ数年で一一社を数えるようになりました。

しかし、早くから安心、安全な栽培方法のもと、自動化した大型工場により生産され、高品質・低価格を実現している日本のもやし消費量は、世界一多いと言われており、海外からの技術導入希望の引合いが多くあります。

## 八、事業工程の工夫――良質の種子の確保――

もやしは、種子の持つ栄養と、育成条件の温度下で水を与えることで成長が始まります。そのため、日本式

の大量栽培法である、一バッチ数百キログラムから一部屋五〇トンもの大量栽培には、黴菌等に汚染されていない良質の種子の確保が欠かせません。

当社でも二〇年ほど前までは、ブラックマッペを使用していました。国内の商社が主にタイから買付け、国内に輸入し港の倉庫に保管したものから選んで仕入れて、もやしを生産していました。しかしミャンマーに代わり三〇年ほど主力産地として日本に輸入されていたタイ産のブラックマッペ種子は、連作障害がでて、もやし栽培中に病気が発生して作りにくくなってきていました。

一方で、他のメーカーにない新しいもやしを模索する中、国内のもやし消費量の多い地域にもやし料理用途の調査に行ったところ、肉ともやしの消費の多かった北海道や沖縄に、緑豆を使ったもやしを生産している業者に出会い、「緑豆もやし」は今までにない良い特徴を打ち出せると考えました。

そこで当社でも「緑豆もやし」を商品化するため、原料の緑豆を入手することから始めました。当時まだタイ産の原料種子のようには、中国産緑豆の輸入ルートは確立していませんでした。そこで、商社に頼らず独自に緑豆原料の調達ルートを開拓したいと考え、一九八九年五月に香港と台湾の知人に頼み、初めて、もやし用の緑豆産地という中国河北省張家口に入りました。しかし実際に目にした緑豆は、「我が家会」の先輩に聞いていた「以前使ったことがある大粒の素晴らしい種子」と違い、小粒で農民にとって収穫量の多い品種に代わっていました。張家口から北京に戻って北京飯店に泊まった日に、天安門事件が起きました。窓から広場が見える部屋で、怖い思いで夜を明かした、中国初体験となりました。

その年の九月には中国東北部の緑豆の一大産地と聞いた、吉林省白城地区に同じメンバーで訪れ、産地公司と接触し、一コンテナーの初輸入をしました。しかし、現地で検品してサンプルを取り、袋にマーキングしてこのロットを必ず送るようにと契約しても、届いた緑豆は、持ち帰ったサンプルとは明らかに違う粗悪品や、

写真５－８　1998年4月～中国吉林省洮南市でのオーガニック農場の試み
（当社ホームページより）
吉林省の上原園オーガニック緑豆実験農場の様子。
写真のような大きなトラクターを使用している畑は中国東北部では大変珍しい。

不純物の混入など、まともな取引ができず、何社もの公司を変えながら、信頼できる相手先を探すという失望の連続でした。三年ほどで、大連で探した当初から通訳をしていた中国人を社員に採用し、自社で、農民からの買付け、選別、輸出業務すべてを管理するという、緑豆の入手経路を確立することができました。

二十年前の仕入れの品質規格では発芽率の良いロットで九六パーセント程度でしたが、発芽不良の豆がムロで病気発生の原因になっていると考え、自社選別では一〇〇パーセントの発芽率の選別技術を達成するように目標を与えていました。今では九九・五パーセント以上、ほぼ一〇〇パーセントに近い数字を実現しており、高品質が認められ同業生産者にも緑豆種子を利用していただくようになりました。

また一九九九年六月からは中国産地の二か所に有機栽培実験農場を開設し、緑豆の自社栽培にも取り組み、国内のもやし生産工場もＪＯＮ

①　筆者。上原園農場にて
②⑤　車にすずなりに乗って農民たちが集まってきて農作業をした
③④　シーズンには毎日400～500人もの人を集めて除草作業
⑥　オーガニック…除草剤は使わずに人手にて作業
⑦　昼間は大変暑いので夜まで作業

写真５－９　1998年4月～内モンゴル自治区内上原園オーガニック緑豆実験農場の様子

A（日本オーガニック&ナチュラルフーズ協会）のオーガニック認証を取得しました。その後、日本の有機認証制度が変わり、土耕栽培でないと有機食品とはいえないと規定が変更され、土を使わないもやし栽培は有機栽培から除外されてしまいました。海外のオーガニック認証では、もやしも有機食品と認められているのに、国内では除外になり表示も出来ず、苦労して取り組んだ農場も、もやし工場も活かせなくなり残念でした。

## 九、育成の技術

中国の産地に緑豆原料の手当に出張するようになり、最初は収穫時期の秋だけでしたが、次には播種作業（五～六月）、除草作業（七～八月）、脱穀収穫作業（九月）、買付け状況、選別作業チェック（十二～三月）等の工程を確認したいと一九九〇年代初頭から年間四～五回産地に入りました。

六月の、播種から一週間ほどの畑で、土の中で発芽したもやしを掘り出してみると太くて、ひげ根が少なく、真っ白でおいしそうなものでした。

それまでのムロで栽培したもやしは、細くてひげ根が多く食べにくいものでしたが、何の手も加えない自然の条件下で育った天然のもやしを、土を払い口に入れると、しゃきしゃきして甘く、当社でもこのようなもやし

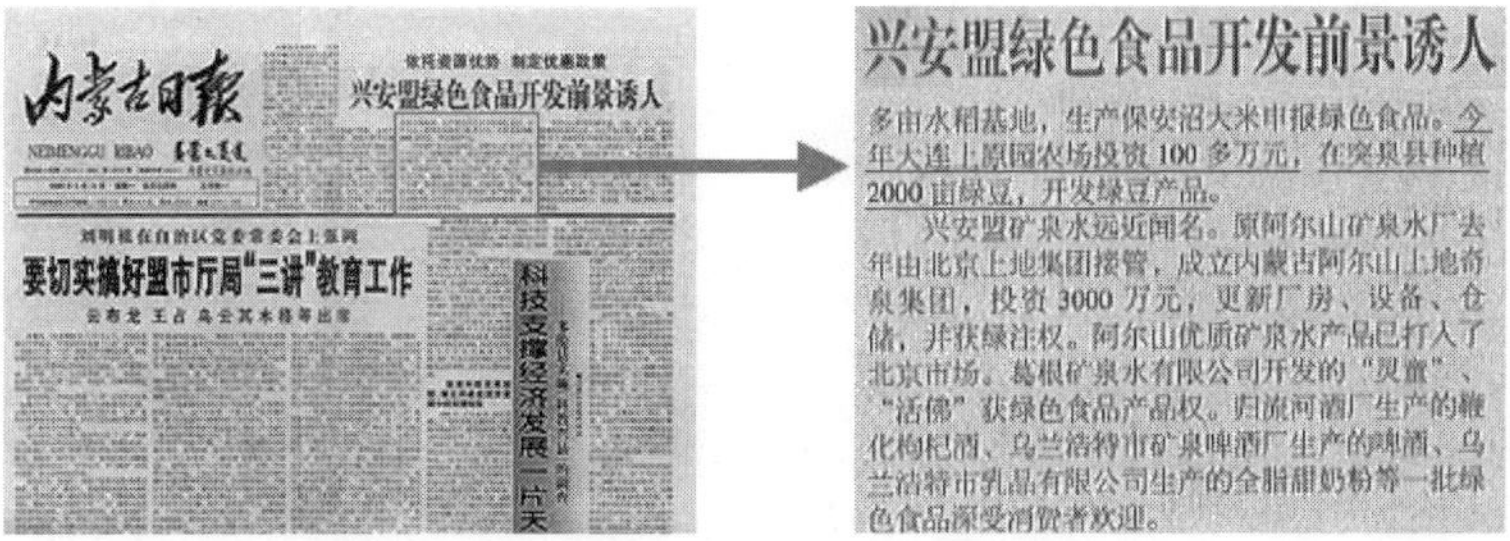
内蒙古日報
NEIMENGGU RIBAO
依托资源优势 制定优惠政策
兴安盟绿色食品开发前景诱人
要切实搞好盟市厅局"三讲"教育工作
科技支撑经济发展一片天

兴安盟绿色食品开发前景诱人

多亩水稻基地，生产保安沼大米申报绿色食品。今年大连上原园农场投资100多万元，在突泉县种植2000亩绿豆，开发绿豆产品。

兴安盟矿泉水远近闻名。原阿尔山矿泉水厂去年由北京上地集团接管，成立内蒙古阿尔山上地奇泉集团，投资3000万元，更新厂房、设备、仓储，并获绿注权。阿尔山优质矿泉水产品已打入了北京市场。葛根矿泉水有限公司开发的"灵童"、"活佛"获绿色食品产品权。归流河酒厂生产的糠化枸杞酒、乌兰浩特市矿泉啤酒厂生产的啤酒、乌兰浩特市乳品有限公司生产的全脂甜奶粉等一批绿色食品深受消费者欢迎。

写真５－10　中国の内モンゴル新聞、オーガニック食品の開発は将来性がある
今年、大連にある上原園は100万元（日本円にしておよそ1,500万円）を上原園農場に投資し、2000ムー（１ムーは1,000平方メートル）の面積で緑豆の栽培を行う。

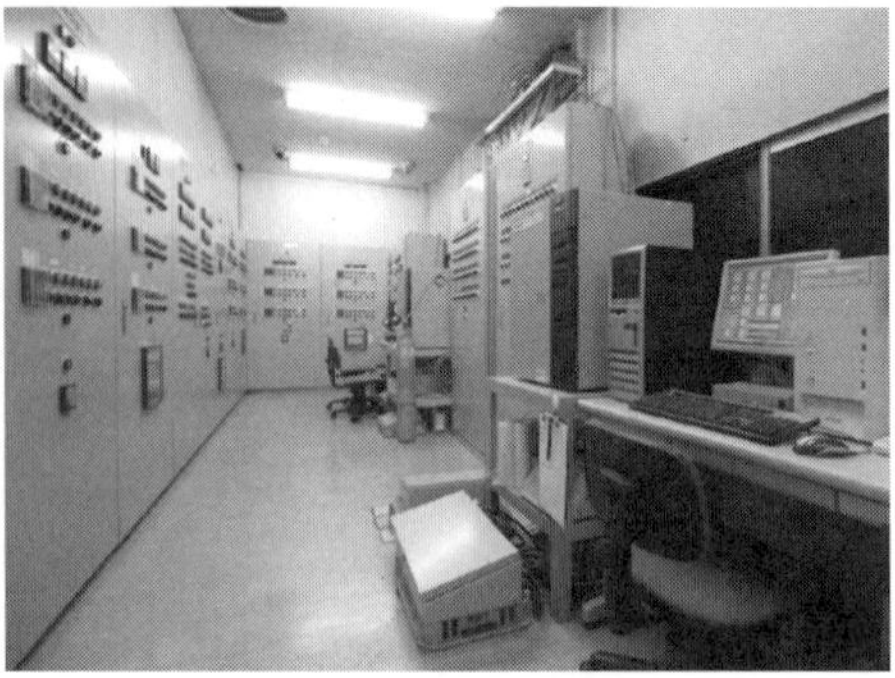

写真５－11　制御室

を必ず作ることができると確信しました。

人工ムロの環境調節で土中の環境を作り出したいと考え、試験栽培用の実験プラントを作りデータ取りをしました。まず、実生産規模のムロを四部屋作り、生産施設には、当時東京立川の都立農業試験場と当社で一基ずつ富士電機製の大型赤外線自動分析機、自動調節機を導入し、研究を重ねてきました。その後、八部屋のムロを追加し、より精度の高いガスクロマトグラフィ自動分析計とコンピューター制御による育成管理と恒温室タイプのムロに設備を切り替えて、高品質もやしの栽培技術が実現しました。それらの成果が、売上げを急増させるもとになりました。

また播種前の種子消毒は、水道水にも使われている次亜塩素酸ナトリウムの希釈水溶液で殺菌するのが一般的でしたが、おいしいもやしを作るため、薬品に頼らない技術の解決にもさまざまな挑戦をしていました。

あるとき経済団体の工場見学で栃木県の北部の乳製品工場に見学に行き、パックに充填された牛乳を、新しい技術で低温殺菌してミルクがより美味しくなったと聞き、もやしの種子の高温殺菌を試験しようと考えました。そこで、薬

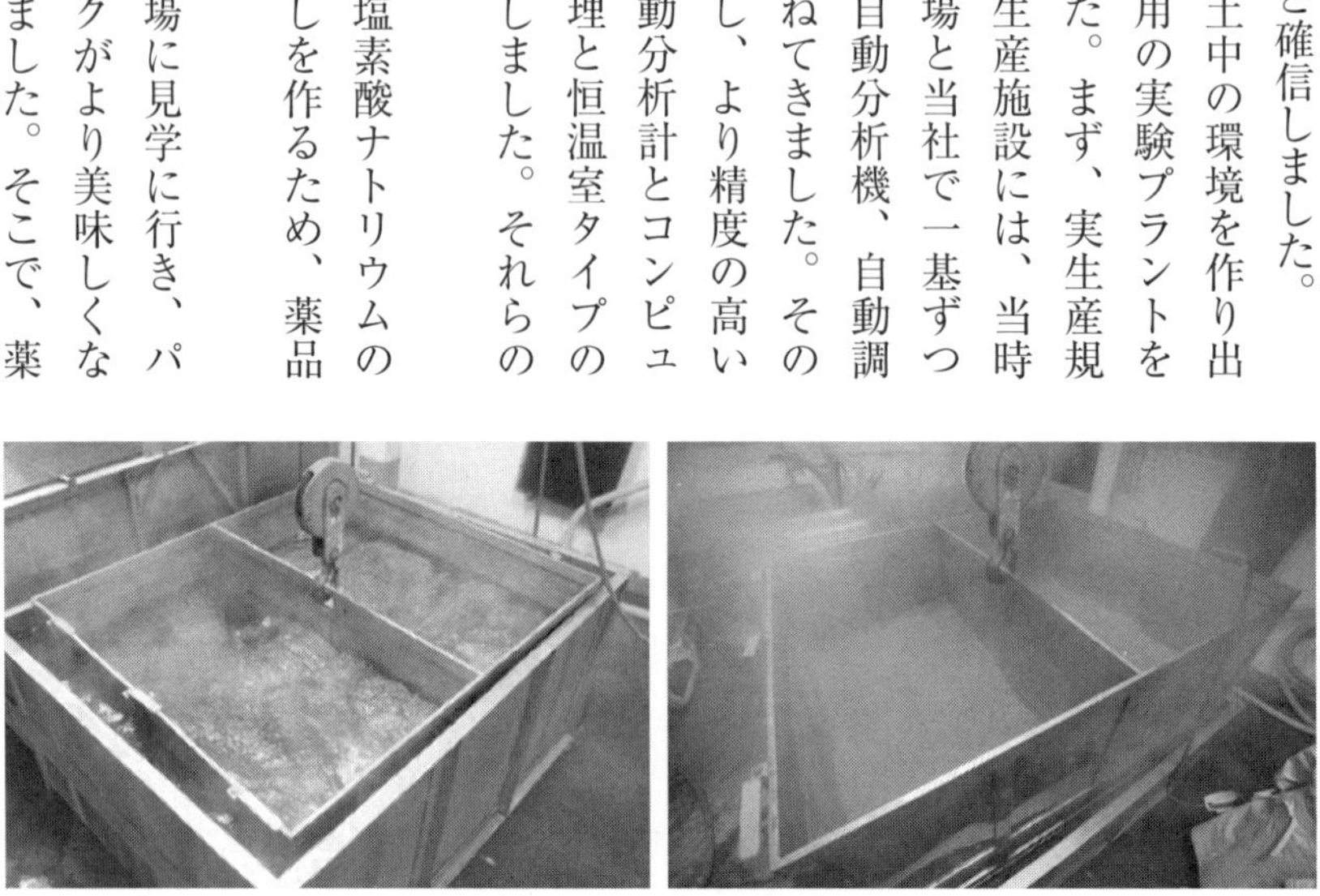

写真５－12　熱湯殺菌処理

品に頼らない熱湯殺菌試験に取組み、何年かの失敗期間を経て、処理タンクを幾度も作り替え、担当者を選定した結果、安定して処理ができるようになりました。長年の「お客様に安心して、喜んで利用していただける美味しいもやしを作りたい」との思いが実現し、当社のもやしは美味しいと言う評価をいただくようになりました。強く望んだ夢は諦めずにチャレンジを続ければいつかかなえられると思いました。

## 一〇、ミックス野菜（カット野菜）の開発

都内の取引先量販店の年度方針説明会での社長の話で、精肉や鮮魚売場は料理用途にカットされてトレーに盛られて売られているのに、青果売場は大根一本、白菜一把のように丸のまま売られていて遅れている、というような話をいただきました。そこで、青果売場に納品させていただいている当社で何ができるのかと考えて、わが家でよく作っていた、もやしたっぷりの野菜炒めの具を袋詰めにして「野菜炒めセット」として提案したところ採用され、昭和四十九年十一月ごろからスーパーの売場に並ぶようになり、話題になりました。業務用のカット野菜は、一九七〇年の大阪万博の時に初めて利用されたと、後年知りましたが、小売りされたカット野菜（キット野菜）の日本初は、当社の商品だったかもしれません。

洗浄ライン

包装ライン

箱詰め

写真5－13　カット野菜工場

## 一一、量販店対応、コールドチェーンシステムの物流導入

市場出荷は現金化が早く楽な仕事でしたが、量販店の台頭により、客先から小袋包装の要望を受けることが多くなりました。そこで、顧客志向を念頭に置き、喜んでいただく仕事をしようと思い、量販店の要望にいち早く対応して取引を開始しました。初めは、手作業で袋詰め作業をしましたが、次第に自動包装機、自動計量包装機と新製品が発表されると、すぐに導入してきました。

また、昭和五十五年七月には品質を保ち作りたての美味しさを味わっていただきたいと、冷却機械を積んだ冷蔵車を導入して都内の量販店向けに納品を開始しました。まだ精肉や鮮魚輸送も保冷車に氷等で冷凍車使用が少なかったころに、安いもやしの輸送に冷蔵車で納品に行き、肉や魚の納品業者にもびっくりされましたが、夏場でも美味しいと評判になり売上げが増加しました。

その後、順次冷蔵車に切り替え全コース冷蔵車で納品する、コールドチェーンの導入に努めました。しかし、青果市場は受け入れ態勢が整わず、従来の搬送を続けると夏場のクレームが発生しやすくなるため、次第に、量販店中心の販路に変わってきました。価格競争の激化する現在では、原料価格が高騰し、今後価格の見直しが必要になっています。

写真５－14　都賀工場出荷バース

## 一二、食の安全・安心について

当社では、業界でもいち早く品質マネジメントシステムの国際規格を取得して運営管理しています。また、二〇一〇年九月には、食品安全マネジメントシステムの認証も取得しました。

若い時から国内各地のもやし生産者を訪問し、海外に出ては、海外のもやし生産者も多く訪問してきました。特に、アジア地域の零細な生産者の施設では不衛生な管理が見られ、それを見た地元のガイドから、「もう食べたくなくなった」と言う言葉を聞くことがありました。また、栽培や洗浄出荷段階で施設設備の悪さを、ケミカルでカバーする例が多く見られます。中華料理の調理師からは、「もやしはしっかりと火を通して調理すると学んだ」と聞いたりしましたし、インテリ層では、「もやしは不衛生で安心安全な食べ物ではないから食べない。食べたくなったら家庭で栽培して食べる」と言う方も多く、本当に残念に思います。

ISO9001（品質マネジメントシステム）登録証
2001年5月11日JQA（日本品質保証機構）認証取得

ISO22000（食品安全マネジメントシステム）登録証　2010年9月3日JQA認証取得

図５－１　ISO 登録証

食品工場は清潔さと安全性が特に重要だと、いつも考えさせられます。健康を願ってこの仕事をしているので、すべての商品は家族やわが子や大切なお客様に、安心して食べていただけるように、愛情を注いで作る会社であり続けたいと思いました。

海外で、「筆者は、そんな風に見られている、日本のもやしの生産者だが、しかし日本ではもやしは健康食品で安心安全な価値のある野菜のイメージが定着して消費量も多く、当社一社で一日に四〇トン、一年に一・五万トン以上も出荷して売上げも今では三〇億円にもなっていますよ」というような話になります。すると、もやしの認識が一変して、合弁で日本式のもやしの事業をやりましょうと言われることが多いのです。ぜひ、日本で実現している、日本式の安心で衛生的、ケミカルに頼らない生産方式と、パッケージされた衛生的な商品のイメージが世界中に広まって、もやしは何よりも一番の健康食品との認識が高まるようになって欲しいと願っています。

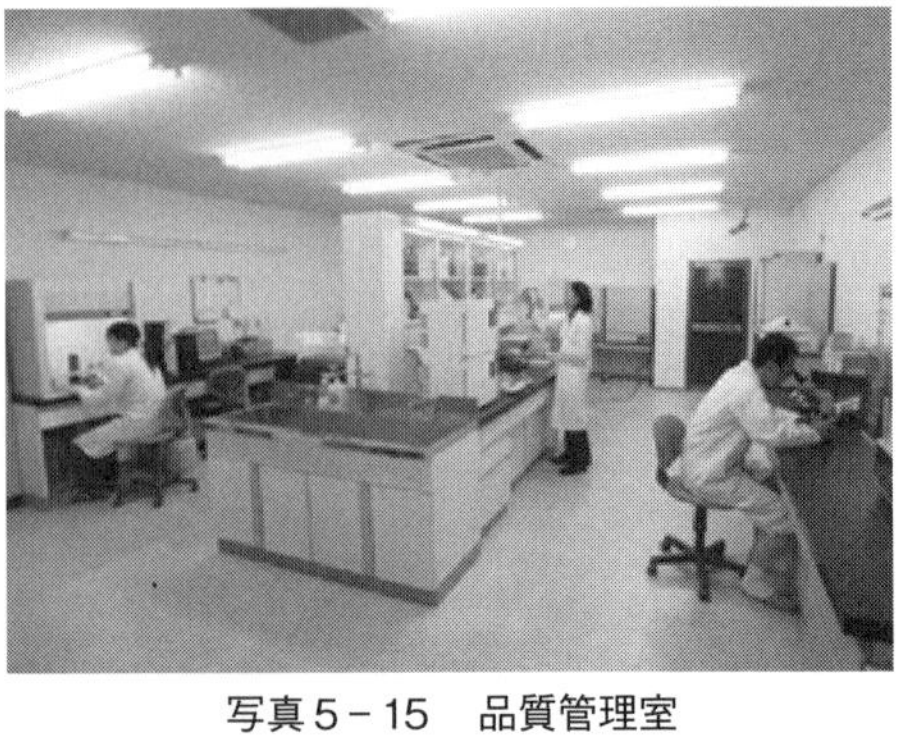

写真5－15　品質管理室

## 一三、現状の課題と将来の展望

もやしは最もピュアな食材であり、植物の種子が発芽・成長する過程で生成される各種の機能性成分が今後の研究で解明され、ますます健康食品として認識されるよう期待されています。

しかし、デフレーションの経済状況下、大量生産によりコストダウンしてきたもやし業界でも、モノ余り状

写真５－16　本社

況で量販店の安売りの目玉商品になり、販売価格が生産原価をはるかに下回る店舗が出回るようになってきました。全体の価格が低下傾向にある中、日本のもやし用の九割をまかなう中国産の原料豆が、二〇〇九年秋産の不作により、後半の価格が二倍以上に高騰し、続いて二〇一〇年秋産は平年作に戻ったにもかかわらず、農民の売り惜しみや投機による供給不足で、前年以上の価格に上昇して経営を圧迫しています。レアメタル、レアアースのように、中国産緑豆の価格と供給に不安が出てきており、業界あげて他の産地の育成が急務になっており、当社でも三年前から新たな産地の育成に取り組んでいます。

現在緑豆もやしを主力に頼っていますが、今後は機能性に注目した付加価値の高い新商品の開発をするべく、機能性の高い品種の改良や品質の良い国産大豆を使用したもやしの製品化も実現したいと思っています。

また、数年前から本書編著者の筑波大学名誉教授の長谷川宏司先生と共同研究を行っており、近く夢のもやしも生産できるのではないかと期待しています。

# 第6章

# トマト・産地育成

髙橋　昭博

## 一．農業に関する思い

宇都宮農業協同組合（以下：JAうつのみや）職員として、入職し一〇年が経過しますが、現在のJAの仕事を一般企業からみると業務内容が分かりづらいと思われます。中には農家の方々からも、理解されず、非難の的にされることがあります。入職する前までJAは第三セクターだと私も思ったほどです。

その中で、私はJAうつのみやに二回入職しており、JAうつのみやでは異色の職員でもあります。大学卒業後、JAうつのみやの職員になり、二年で退職。青年海外協力隊としてタイに派遣され、タイでも農協の新規事業を行ってきました。

タイから帰国し、紆余曲折し、再度JAうつのみやに入職したのですが、その時の決意と熱い情熱は今も変わっていません。「日本の農業を少しでも世界に通じる農業にしたい。そのためには日本は一つになった農業政策が必要だ」。

タイ、ベトナム、その他東南アジアの農業を見る限り、日本の農業は独自に発達し、耕地面積を極限まで高め、最小限の面積で、最高の収穫量を上げる生産技術を磨いてきたといえます。東南アジアは大規模の農業であり、日本とは真逆の発想のもと食料を作っています。食べるだけの農業として見れば、東南アジアをはじめ世界には今の日本の農業では勝負になりません。いわゆる先進国では農業分野において高い関税がかけられ、どの国も輸入農産物には神経をとがらせているのです。

少しでも強い農業、農村、農産物を作るためには、まずは「人」が力をつけなくてはいけません。特に若い世代の農業者が育たない限り、日本本来の研ぎ澄まされた技術は無くなり、また関税が無くなれば外国農産物に追いやられ衰退するのは明らかです。

そこで、再入職のチャンスがあり、入職したのですが、野菜の担当、特にトマトの担当になったことがこの一〇年の人生で大きな転機であったと感じます。途上国で何かの足しになればと思って参加した協力隊の精神を今度は日本の農村社会で尽力すると腹に決めての再就職でした。

まずは、トマトの選果場担当となり、多くの生産者と知り合いになりました。そこで日本の農家は少なからず裕福であり、農業における問題は途上国の農家よりは解決すべき課題は少ないと考えていたのですが、相当高度化したことへの農業・農村本来の問題があることに気付いたのです。

特に、一番に感じたことが高齢化です。高齢になった農業産地にとって技術はあっても引き継ぐ者がいなければ歴史と知識は継承されません。若者としての農業生産者が数少なく、活気が無くなってきているのです。

次に、農産物の廃棄ロスの問題です。少しでも形が悪い、規格という合理化した形式により規格外のものは廃棄されます。廃棄するにも産業廃棄物扱いとしてお金がかかり、本来土からできた農産物を工業製品と同様に扱い捨てられます。
もう一つの側面として、農家自体が変化をあまり望まないのは理解していましたが、世界の潮流に乗れていないと感じました。
すべてにおいて、自分のできる範囲でやれるものから、多くの生産者の協力を得て一つずつ尽力していこうと日々考えてきました。

## 二、JAうつのみやの概要(平成二十二年現在)

JAうつのみやは、二市一町(宇都宮市・下野市〈一部〉・上三川町)の行政区域からなる農協です。栃木県のほぼ中央に位置しており、県北西部に源を発する利根川水系の各河川流域の平地を中心とした水田地帯と、東と西の各台地を中心とした畑作地帯であり、冬場の日照時間が長く肥沃な土地に恵まれています。東京都への距離一〇〇キロメートル圏内で大消費地の近距離にあり、東北、首都圏の食をつなぐ地域でもあります。

JAうつのみやの主要農産物であるトマトは、昭和三十年代から露地トマトの代表産地として東京大田市場でその名を馳せた地域であり、その後も昭和五十年代にはガラスハウスや、ビニールハウスの施設栽培技術の確立により一年中トマトが栽培できる産地としてさらに飛躍してきました。現在でもJAうつのみやにおけるトマト栽培は主要野菜として位置づけられています。

表6－1　JAうつのみや総合概要

| | | |
|---|---|---|
| 組合員数 | 18,422名 | 正組合員12,664・准組合員5,748 |
| 役員数 | 42名 | 理事　34名　　幹事　8名 |
| 各種組合員組織 | 51組織 | 園芸関係35専門部(2,000名) |
| 貯金高 | 254,800百万円 | |

(出典：宇都宮農業協同組合、2010)

表6－2　主要農産物の月別取り扱い一覧

（単位：t）

| 作物名 | 生産量 | 1月 | 2月 | 3月 | 4月 | 5月 | 6月 | 7月 | 8月 | 9月 | 10月 | 11月 | 12月 |
|---|---|---|---|---|---|---|---|---|---|---|---|---|---|
| トマト | 5,200 | 100 | 380 | 660 | 1,000 | 1,100 | 1,000 | 200 | 70 | 300 | 150 | 130 | 110 |
| 苺 | 2,850 | 490 | 450 | 480 | 530 | 360 | 24 | | | | 1 | 115 | 400 |
| 梨 | 3,600 | | | | | | | 30 | 660 | 2,100 | 700 | 80 | 30 |
| ニラ | 1,325 | 145 | 190 | 175 | 90 | 40 | 40 | 70 | 65 | 80 | 145 | 155 | 130 |
| 生椎茸 | 135 | 14 | 13 | 13 | 10 | 6 | 5 | 7 | 5 | 7 | 22 | 18 | 15 |
| ホウレンソウ | 445 | 65 | 80 | 60 | 30 | 9 | 1 | | | 3 | 31 | 76 | 90 |
| 玉葱 | 3,250 | | | | | 200 | 1,600 | 1,370 | 70 | 10 | | | |

（出典：宇都宮農業協同組合、2008）

表6－3　JAうつのみやトマトの全体一覧

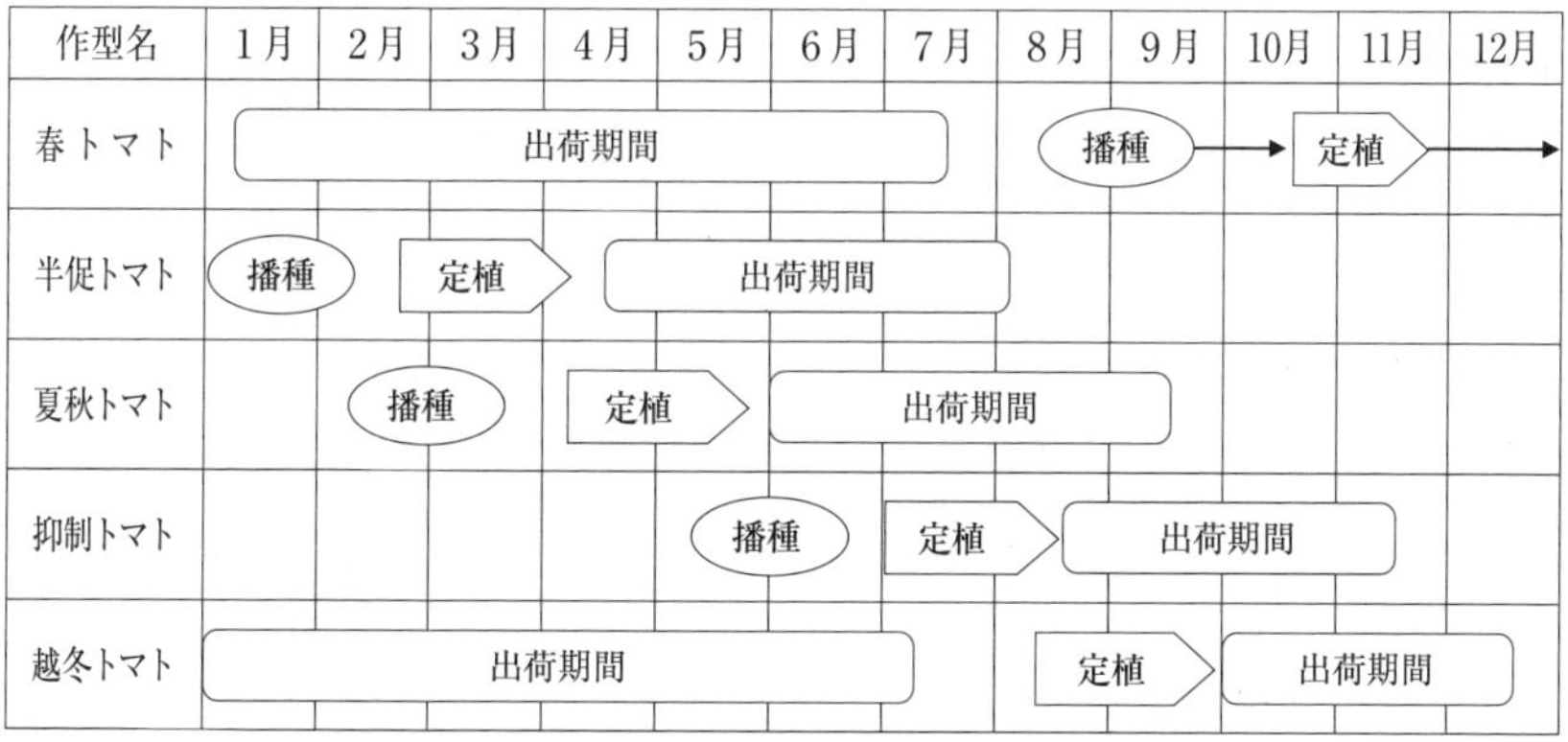


トマト栽培も夏だけのものから一年間栽培ができる五つの作型でトマトを通年栽培しています。一五九名を超える生産農家が年間約五、二〇〇トン、売上一四億円、作付面積四、二七八アールという全国でも中堅のトマト産地です。

五作型のトマトについては、JA全農グループが行っている全農安心システム（第三者認証あり）を平成十八年より取得しており、GAP(Good Agricultural Practice　適正農業管理：以下GAP）に関しては、JGAP（一二九項目）を取得した越冬トマト以外は、県版GAP（五三項目）に基づき「安全で安心な」トマトの生産に励んでいます。

その他、イチゴ、梨を中心に平成二十二年から今までGAPに取り組んでいなかった組織も含め三五専門部の作物別生産者グループ員全員（二、〇〇〇名）、がJAうつのみや独自のGAPを行う計画となっています。全野菜・果樹農家統一のGAPと第三者認証制度を利用した独自GAPの導入です。

GAPは、農業生産の環境的、経済的および社会的な持続性に向けた取組みであり、結果として安全で品質の良い食用および非食用の農産物をもたらすものと国連食糧農業機関（FAO）が発言しています。

トマト組織の中でも後継者育成のため、四十歳以下の若手生産者で組織されるトマト青年部があり、現在二八名と人数は少ないのですが、この青年部が今後の産地、農業のカギを握る存在として一番勢いがあります。

## 三、トマトを中心としたJAとしての活動

### (一) 農産物規格外品の利活用

二〇〇五年にトマトの選果場担当者から当時JAうつのみやでは初めての栽培指導専任の担当者を作ることになり、上司から打診を受けトマトを中心とした栽培専門の担当者となりました。

JAうつのみやで独自の普及員を持つようなイメージで作られ、当時二、〇〇〇名の野菜果樹園芸農家に対して三名の指導員と三名の技術顧問で、農家の栽培技術の指導から経営相談まで多岐にわたって担当する職種となりました。

当時栽培技術者としてはまだまだ未熟だった私は、できることからと考え、まず今までトマト・梨選果場担当であった際、大きな問題だと感じていた選別される農産物の規格外品の利活用から始めました。指導員としての業務とは別に、少しでも生産者の作った農産物が有効活用されることを願って始めた事業です。

写真６－１　規格外として廃棄されるトマト

写真６－２　規格外として廃棄される玉葱

当時、栃木県でトライアル事業というものがあったので、それに手を挙げました。補助をもらいながらも今まで捨てられていたトマトや梨など年間で二四〇トン廃棄されていたものを加工品として活用する事業です。

事業は計画したものの、加工農産物のイロハをまったく知らなかったため、通常の指導業務を終えてから夜に調べ、知人や友人に加工食品や加工技術について教わりながら勉強をしました。一日に二つの仕事をしている感覚になり、行き詰まる日々が半年以上続きました。

目標としては他にはない加工品を作り、販売まで繋げることでしたが、日本全国に加工食品は多数あり、また民間企業での加工物は精度もコストも素人が考える製品では到底及びません。

しかし、加工食品需要はこれからも確実に増加すると思い、まずは粉末、ピューレ（野菜や果物を液状にすり潰し、裏ごしした半液体状のもの。スープやソースの材料になる）、エキスを作りました。基本のモノから発展した道が開けるのではないかと考えたからです。規格外品も、食べられる物、食べられない物の一次選別はＪＡうつのみやでする必要がありました。

デリバリーコストを抑えるため、地元での規格外加工をできるようその視点は変わらず行動に移しました。栃木県に相談をして、ＪＡうつのみや単体でできないかどうかの模索もしましたが、設備の問題もあり、独自での加工製品への作業ではなく、地域と連動した加工業者に委託した方法で製品を作ることと

写真６－３　アスパラガスから作ったピューレ

写真６－４　トマトから作ったトマト酢

しました。

トマト、梨、玉葱、アスパラガスを対象として既存にない製品作りを始めるため、加工業者がまず目につけたのがアスパラガスです。国産アスパラガスの加工品は少なく、原材料も手に入りにくいからです。

トマト、梨だけでおおむね規格外は二〇〇トンほど廃棄されており、本来はトマト・梨の部分からと思っていたのですが、これらの加工品はすでに製品化されており、海外から安い原料が多く輸入されているため加工業者は意外と興味を示しませんでした。

トマト、梨への打開策が見つからない中、アスパラガスについては、食品加工品には向いていないことが分かってきました。特に繊維質が多すぎるため、協力していただいた加工食品業者から難しいと言われたのです。

しかし、さらに考え、繊維質が高いのであれば、逆に繊維質のものを作ろうと思いついたのが紙です。

紙といっても普通の紙では面白くありません。栃木県には和紙を手透きで行う地域があります。烏山市、粟野町です。烏山和紙は地元でも有名ですが、今回はアスパラガス栽培者が近くに住んでいる粟野町の麻を作る工房に頼み込んでアスパラガスを和紙にしてもらうよう何回も足を運びました。

アスパラガスの和紙を作ることで、ＪＡうつのみやの役員の名刺、アスパラガス専門部の名刺や包装資材として使ってみたいと考えたのです。その上食べられる和紙で、なおかつこれらを社会科見学で訪れる小学生を対象に、JAうつのみやで紙すき体験をさせられたらと思い作成しました。

アスパラガスの和紙は想像以上に好評で、興味を持っていただけるようになり、また食べられる和紙として大阪からも発注がありました。

それ以外の規格外品については、加工食品にするための一次洗浄の問題や、価格の問題などもあり、地域で評判のレストランの方々に相談を持ちかけ、地域の規格外農産物を利活用できないかと知恵を出し合いました。

その中で、宇都宮市にお店を構えるレストランアルページュのシェフが興味を示され、多くの仲間にも声をかけてくださり、今でも規格外のトマト、茄子などを活用していただいています。

シェフは、地元の野菜を格安で入手できると喜んでくださり、本当の地産地消という流れもでき、またこの規格外品の利活用が新聞に掲載されたことによって、取引きするレストランが地元宇都宮市で一二店舗、加工業者が二店舗、また大学生や高校生などからも利活用の要望があり、規格外が不足する日も多くなりました。

少しでも農家の方々が丹精込めて作った農産物が有効活用され、なおかつ地元で消費され、それを知る作り手の農家がそのレストランに行く。このような循環できる地元での構造が少しでも増えることにより本当の食の地域連動があるのではないかと考えます。

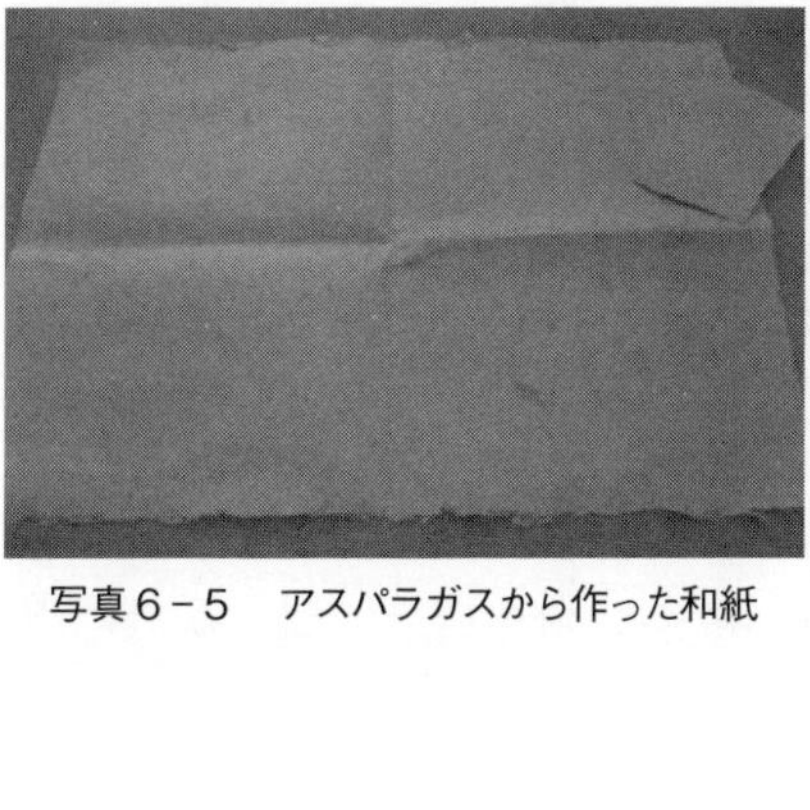
写真6－5　アスパラガスから作った和紙

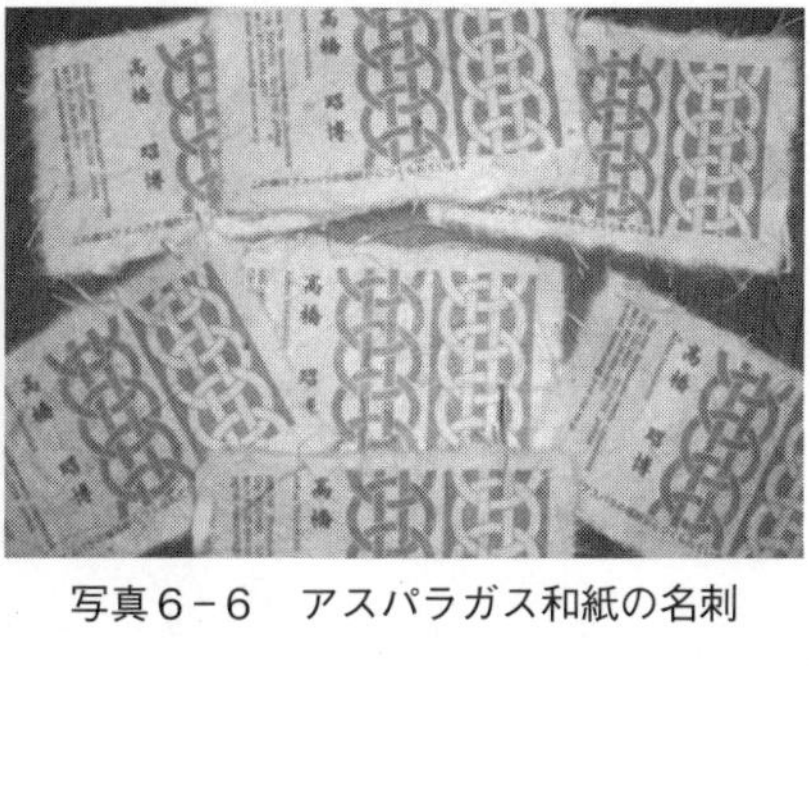
写真6－6　アスパラガス和紙の名刺

このような規格外品の利活用事業は二〇〇五年から始まり今も継続して行われています。二〇一〇年政府発表の六次産業事業促進としてさらに各産地で農産物加工品への取組みは加速すると思われますが、加工事業は地域、人間との連動・連携が一番大事であり、そして何より一次産業を創造する生産者の方々の思いを伝えることが重要なのだといえます。

## (二) 生産者側からの変化のために(GAP事業の導入)

加工農産物はあくまで規格外だけの内容であり、本来の九八パーセントは規格品として製品という形で出荷されています。

これからの農業産地には、農家の柔軟な発想と行動力が必要であり、買う側の消費者と作る側の農家の乖離があってはいけないと考え、農業の残留農薬問題が取り上げられる中、農業生産のリスク管理の手法としてGAPシステムの導入をトマトの部会と協議し取り決めました。

栃木県生活衛生課のアンケート(平成十六年六月実施:回答数二四三名)によると、食の安全・安心に関する調査では、約八〇パーセントの方が関心がある、また同調査の内容で不安に感じる点は、六五・八パーセントが残留農薬への不安を感じているという結果が出ています。

人間の生活エネルギーは食料であり、その原資は農業生産物であることから、農業のしっかりとした体制が必要であること、また輸入農産物に負けない農業作りという視座からも輸入農産物が国産より安全であることで競争力もつくため、GAPへの波及に繋がっていると感じます。

（三）越冬トマト専門部におけるＪＧＡＰへの取組み

越冬トマト専門部（古口部長他一三名）は二〇〇八年六月、トマトを生産する団体としては初めてＪＧＡＰの団体認証を受けました。

越冬トマト専門部（平成十六年設立）

・出荷期間：十月～六月　・栽培面積五三二アール　・販売金額：三億円
・平均単位収量：一七トン　・長期収穫トマトとして近年導入産地が多い
・出荷市場：京浜地区、地元市場　・出荷量：七〇〇トン

越冬トマトは通常のトマト栽培に比べ、作期延長と高単価時期の出荷による収益増のために始まりましたが、近年の市場販売価格の安値安定や、経費の高騰による所得減、栽培管理の難しさなどにより経営への危機感が強まりました。特に二〇〇七（平成十九）年産の販売については、過去最低の金額であり、農業経営としてはギリギリの収益となってしまいました。

継続した農業経営として生き残れる産地として、「付加価値をつけた経営戦略」を再検討しました。他産地との差別化と優先的に選ばれる産地形成を図るために、役員、ＪＡ、県普及指導員三者一体となり「今から何ができるか」を検討しました。

特別栽培や顔の見える野菜の取組みはすでに遅く、名ばかりの実態のない取組みでは本当の農業としての価値は無いと判断、なおかつ輸入農産物増加の現在の農業においては、今後国際レベルでの考え方と競争力が必要と検討した中、ＧＬＯＢＡＬＧＡＰが話題に上がりました。全世界が国を挙げて取り組んでいるＧＡＰは、今後日本全国に波及する方向性であると考え、また取組みの少ない第三者認証により、産地信頼性向上と生産者の内部統制と品質管理の統一化が期待できると考えたのです。

## （四）実際の取組みまでの長い道のりから認証取得まで

まずは、「ＪＧＡＰって何？　ＧＡＰって何？」からの勉強で、ＪＧＡＰ協会へ講師を依頼し研修会を実施した他、九回にわたる部員の全体会議を普及員と計画し実施しました。ＪＧＡＰには、管理基準項目が一二九項目と多岐にわたり、リスク回避の検討や整理整頓、ルール作り、約九種類の記録帳作成がありますが、普段実施していることや当然の項目が九割で、普段の作業や記帳を整理すればよいと理解しました。しかし、いきなり全項目を生産者に丸投げすることは、生産者の意気込みもなくなることから、生産者への負担を減らすことを念頭に考え、普及員と共にＪＧＡＰ協会主催の指導員研修会に参加し理解を深め、関係者との打合せも多数行いました。まず指導機関の人間がＧＡＰについての理解が無く、羅列された項目をこなすことほど愚かな取組みは無いと判断し、普及員の方と相談して、まずは普及員・ＪＡ職員があらゆることへのリスクと改善への考えを整理し、指導員の資格を取ることから始めることが第一歩であると感じたからです。

ＪＧＡＰの一二九項目のうち、生産者が行う部分と、ＪＡ・県で実施・支援する部分に分け、かみ砕いた資料を作成し生産者に説明を行いました。説明を行う際、「なぜこの項目が必要であり、実践する必要があるのか？」「やることによる効果」「第三者の審査がなぜ必要なのか」「販売に何かメリットはないが、長い目で考える必要性」等、細かく説明しました。また、団体認

写真６－７　座学による研修会の様子
（JAうつのみやにて）

写真６－８　現場圃場での研修会の様子
（現場での実地研修）

証のためには生産管理、品質管理など専門部内でルール化されたマニュアルが必要で、四四ページ（資料は一二ページ）に及ぶマニュアルを生産者全員に手渡し、理解してもらえる内容で整理し「JAうつのみや品質管理マニュアル」という名前で作成しました。

しかし、取組み当初は「大変だ、無理だ、形だけやればよいのだろう」「結局収益には結びつかない」という生産者からの声が上がり、また多数にわたる夜遅くまでの会議や解決困難な課題（特に支出が嵩む改善項目）の出現で断念の色も見え始めました。しかし、「やって当然の中身。生き残るには早い取組みと継続した取組みが必要」と役員がまとめ直し、普及員共に不平不満が上がる生産者を一戸一戸まわり、家族や本人に理解を得るために何度も足を運び、一戸一戸の圃場による問題をともに考え、中には一緒に作業し解決することを続けてきました。地道な巡回を続け、脱落を避けることができたのです。普及員と手分けをし、共同した巡回は大きな成果でもありました。

### （五）リスク管理とハウスの整理整頓

生産者が実施する農業生産におけるリスク回避のための検討と作業場の改善は、農薬保管庫の設置や収穫コンテナとの仕切り、危険箇所への掲示等が必要で、よりイメージを掴んでもらうため、JGAP認証産地（千葉県・旭市）への視察研修を実施し、生産者モデル圃場を作り検討会を実施しました。

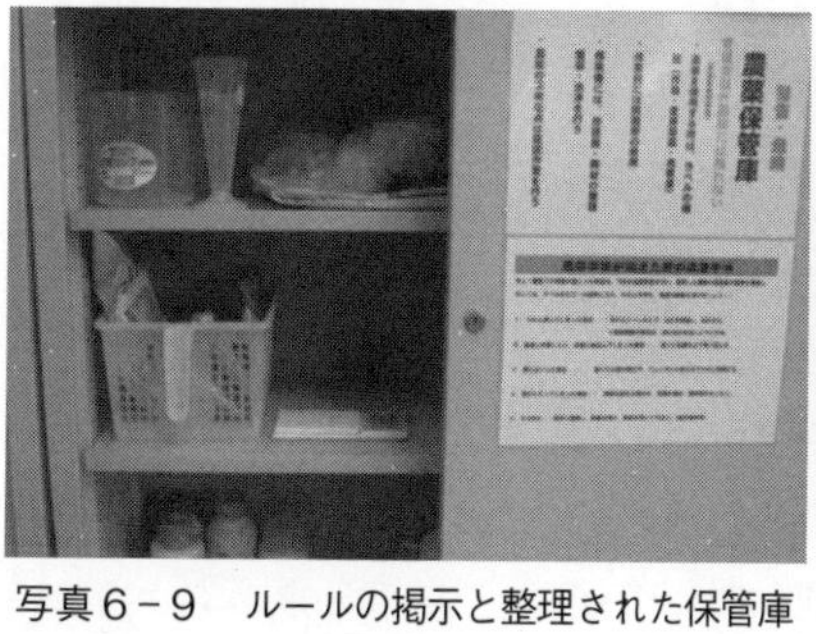


写真6－9　ルールの掲示と整理された保管庫

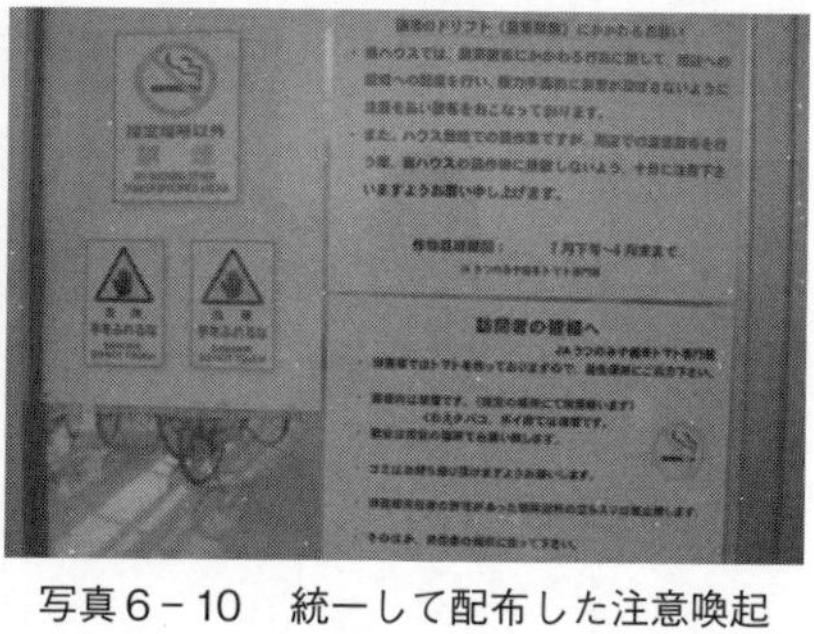

写真6－10　統一して配布した注意喚起

この頃より作業が加速し生産者にも変化が見られ、「当たり前のこと」という声が聞こえ始めました。農薬保管庫・救急箱など共通の必要資材は一括購入し、生産者の実施項目一覧をJA側で作成・配布し期日までに作業を実施してもらいました。しかし、数多くの記録表作成（作業管理表）やリスク検討表は慣れない作業だったため、相当の時間と納得のいく説明が必要でした。今まで農薬の生産履歴は記帳義務があったため、その点は問題なくできました。作業管理はそれぞれノートに記帳していたりしたものを統一様式でまとめました。生産者には徹底して整理整頓と農薬関係のゾーニング（区域分け）をお願いしました。

## (六) 取組みによる効果と課題

平成二十年六月二十四日付で、JA団体組織として全国三番目となるJGAP団体認証を取得できました。取得により、「作業しやすくなった」「やってよかった」「当たり前のこと」との声が聞こえるようになった他、組織の団結や生産者の自信が強くなり積極的な意見が多数出るようになりました。また新聞やTV等で取り上げられてから、関係者内では、産地としての評価も「レベルの高い組織」と言われるようになりました。

JAとしても視察がある場合は、まずGAPを実践している圃場を紹介します。それを機にGAPへの取組みをアピールします。この取組みを機に、JAとしての対応も少しずつ変わり、「トマト・イチゴツアー」を企画し通年行事として東京近郊の消費者を現場圃場に招き、取組みと収穫を体験してもらう企画を継続して行っています。

好評につき、この事業は当初二年間だけのものでしたが、今後も継続した企画へと採用されました。消費者との交流自体が第三者の認証という位置づけとして捉えられるのではとも考えています。

GAP取組みについての浸透はまだ薄く、価格への反映も難しい情勢ではありますが、万が一の事故を避ける手段としてリスクを検討し対策を講じておくこと、記録を残し原因究明を早くすること等でより信頼性も高まり産地ロスも減ります。

また、ＧＡＰを行ったことで、認証取得後クレームは一件もなくなりました。生産者の意識もあらゆる面に関して高くなりました。

認証取得に関してその後は（ＪＧＡＰは毎年認証更新）、再認証としてお金を払って認証は取っていませんが、今でも取り組んだ内容については、継続しており、第三者の認証ではなく生産者同士で毎月検討会を開き、現場でのチェックリストによるチェックを行っています。

この継続した生産者自らの取組みこそが本当の継続した地域・環境保全の活動と自らのリスクヘッジなのではないかと考えています。

このＪＧＡＰを普及員、生産者、ＪＡと一体で行ったことにより、生産者の意識が変わっただけではなく、普及員、私を含めたＪＡ組織としての意識も変わってきたのを感じます。

## 四、農業青年育成への取組み

今まで行ってきた事業の原動力は、生産者の気持ちをＪＡ職員として形にしてきただけのことですが、さらに産地育成には、人材育成が欠かせません。そのために、ＪＧＡＰを取った人達を中心に、ＪＡとしての組織の問題点で動け

写真6－11　トマトツアーの様子

写真6－12　トマトを収穫している様子

日本農業新聞

個性豊か"3色トマト"

北関東

青年部が商品化 JAうつのみや

スーパーから好評

生産仲間増やしたい

写真６－13　掲載された新聞記事
（JAうつのみやにて）

写真６－14　青年部自らトマトを販売する様子
（マルシェジャポン浅草にて）

ない内容を省いた事業を二〇〇八年から行っています。

問題点としては、ＪＡは農業者組織で構成された組織となっていますが、その生産者組織が硬直化、組織によって新しいことができないなどのデメリットがあることです。組織の多くはメリットなのですが、世界が目まぐるしく変化する時代になり、柔軟な発想と行動が必要とされる中、組織による不変は時として問題となります。

四十歳以下のトマト青年部員を集め、まずは自分達の現状と、今後やりたいことを挙げてもらい、議論を重ねました。

本当に大玉トマトだけをこれから先作っていくことで自分達は満足なのか、閉塞感は無いのかなど闊達に意見を述べてもらいました。

そのような中で、トマト青年部として中玉トマトを栽培してみたいとの要望を受け、中玉トマトを生産販売することにしました。

しかも今までは全員一律の内容でしたが、グルーピング化し、生産、販売、企画まですべて生産者が行えるような体制としました。ただ中玉トマトを生産する上でどこにもないトマトを作ることを目的とし、初年度は三色（赤・黄・橙）の中玉トマトにし、今年度（二〇一〇年）より四色（赤・黄・橙・紫）の中玉トマトの生産販売を行っています。

新聞に載ることにより、青年部のメンバーは次々に考えを出すようになってきました。

その一つが自ら作った生産物を自ら売り込みに行くことです。ハピマルシェといって露天市場のような売り方を東京近郊で行っているものにも参加しました。

自分達の作るものが正当な評価を受け、もしくは自分で思ったほどの評価にならない物もあることを学びました。

これらの活動もすべて自主的に行い、なおかつ方向性を共にする仲間があり、仲間で決め、行動する。そうすることによって、次の方向性を軌道修正する。今までは親や組織が敷いてきたレールの上を走ってきただけですが、自ら考え行動することの楽しさや、苦しさを味わう事業への取組みは必ず将来的に自分の実になり返ってくるものと信じています。

その補助をするのがＪＡマンとしての私の立場であり、常に前向きな行動を行い、進むことこそ、新しい発想と、行動力をもつ若い青年部のメンバーには必要なのだと考えています。

## 五、課題とまとめ

日本は海外からの輸入物に依存した農業になってきています。肥料において国内で賄えるものは石灰だけであり、種も国内で生産されるものはごくわずかです。資材も国内産は減り、すべてが海外のモノに依存しないとできない農業になっています。特に近年のグローバル化からおこる国を越えた人材、物流、商品の流れは今後もまだ世界全体が内向きな状況でも止まることはないでしょう。

今、農村で起きているのは、活性化する農家・農業グループ、反対に衰退するのをじっと耐え忍ぶ農家、農村です。

本当に先の見えない今の日本の状況は、農家だけではなく、企業も同様です。そのような中、今やらなくてはいけないことを地道に行うのが重要であり、変化に取り残されないこと、もしくは、新しいことの一歩を少しでも行うことにより次の情報と展開が必ずあるということだと思います。

私が手掛けたというか、多くの農家の方々、行政関係の方々に助けられて行ってきた事業は本当に誰かのためになったのか？　本当に間違っていなかったか？　自問自答する日々です。青年海外協力隊の時にもそのようなことが続いたと今でも思う日があります。

逆に為にならず、駄目にしているのかもしれないと思う時もありました。しかし、がむしゃらにやり遂げる原動力となったのは、やはり農家の方々の一言であったといってよいでしょう。「楽しくない、為にならないと思うものは俺らが止めるから何でもやってくれよ」。涙が出そうなほど嬉しい信頼関係であると常に感じています。

また、事業を行うに際して、許可を出してくれた上司の存在も大きく、役職も無い職員に何でもやらせてくれる環境は企業人として本当に良い環境に恵まれていると感謝しています。

農業、農村、ＪＡ、すべてにおいて問題がない箇所はありません。最初に書いた自分が感じる問題点は大きく、まだ存在しています。今までは小手先の事業で、大きな目標の産地育成としてはまだまだ小さい芽です。

しかも、私個人の問題として私の後継者になるべく若手ＪＡ職員を育ててきていないことが課題です。若者が減少する今後の日本の農業関係において、農業生産者、それに関わる農業人の発展的な意欲と、行動が今後さらに高まる必要があります。そのためには、人材育成をＪＡ、行政関係、農業生産者すべてにおいてボトムアップをしていくことが必要です。

ＷＴＯ–ＥＰＡや、経済の垣根も取り払われる今後の国際社会において、日本独自で食べていける農業社会

写真6－15　左から4人目が筆者
（JAうつのみや園芸指導課にて）

作りが必要ですし、基盤の再構築と行政、ＪＡ、生産者、農業関係者での一体となった取組みがなければ、日本全体の食料政策はさらに衰退すると思われます。

手前味噌の話で恐縮ですが、現在ＡＳＥＡＮパートナーシップ事業という農林水産省主体の農業関係の関係構築事業に参加しています。テレビも電話もままならないラオスの農業生産者ですら、直売所を作り農産物の差別化を図るよう努力を惜しまず突き進んでいます。それぐらい他の国では国を挙げて勢いよく活動がされているのです。

まずは、日本全土にある産地間競争よりも産地間共存の構築が必要であり、少しでも自国農産物の必要性を作ることが急務です。

ＪＡ職員として農業生産の安定供給だけではなく、食に関してすべての分野で生産者が生き生きと活動でき、強い農業を作るためには、末端であるＪＡと地域行政、農業生産者の密な関係強化と発展的行動が一緒に行われるべきなのだと思います。

今後の展開として、農業生産物のリレー出荷の体制づくりと、高齢化する社会での食の提案を念頭に農業生産者と共にさらなる事業投入を行っていきたいと考えています。また、世界で戦える強い農業者、生産物、それに関わる人材育成にも尽力していきたいと思っております。

# 第7章

# ベリーファーム・ケイの苺経営について

野口　圭吾

## 一、事業の歴史と創業理念

小さい頃からの憧れであった農業で食べていくことを決意し、平成十一年七月に東京でのサラリーマン生活を約一五年で辞めて、新規就農、Iターンで栃木県宇都宮市に転居しました。当時はまだ自分で経営を始めるという考えではなく、農業法人に勤めて将来的にはその法人の役員になれるような考えで受け入れてくれるところを探し、就職しました。しかし、バブル崩壊後の時期であったこと、農業生産物全体の不況であったことなどで経営が悪化し、二年を経過した後、自分で農業経営を立ち上げることを決意しました。

平成十三年に宇都宮市（旧上河内町）芦沼で農地を借りて苺の生産（栽培面積二〇アール）を開始。苺を選んだ理由は、価格が安定しており、単位面積当たりの売上高が高いこと、技術を高めれば面積当たりの収穫量も増やせること、栃木県は全国一位の生産高でブランドがあること、苺は老若男女問わず好かれる農産物であること、食べやすいこと、自分自身が好きであることなどです。

苺の生産を始めるにあたり、筆者の理念として「子どもたちに安心して食べてもらえる農産物を作ること」があります。それは農業法人の従業員時代、農業資材の営業を一年間勤めたのですが、あまりの農薬散布の多さにびっくりしたためです。筆者の農業経営の有利さは後で詳しく述べますが、消費者目線で農業を見られることにあります。

初年度は地元の農協の部会にも所属し出荷しましたが、生産したものはすべて農協に出荷しなければならず直売も許されないこと、味にこだわっても価格に差がつかないこと、熟す前の少し青いうちに収穫することなどに違和感を覚え、一年で部会を辞めて独自に出荷することにしました。

そうは言っても、相手は自然と生き物。簡単に低農薬で美味しいものを作れるわけでありません。初年度は病気もいっぱい出してしまいました。特にうどんこ病という果実にうどん粉のような白い粉が付く病気が多発、何百万円という苺の量を捨てましたし、今まで失敗は数知れません。

そんな失敗からいろいろ学び、電解水、活性化酵素、アミノ酸などを使用した栽培を独自に作り上げてきました。

もう一つの当園の特徴は、高設ベンチ栽培です。苺栽培で最も重労働である腰を曲げて収穫するということが解消され、また、いろいろな作業が効率よく行えます

二年目からは、ある農業資材会社を通して地元のスーパーを中心に、一部東京のデパートにも出荷が始まり、四年目からは本拠地を現在の場所に移転して規模拡大。県内のデパート、ホテルや東京のホテルなどにも出荷しています。

## 二、自然条件

栃木県は全国でも天災が非常に少ない県だと聞いています。苺の生産高日本一になった大きな理由として日照時間の長さがあり、苺以外でもトマトやニラ、花き栽培が施設園芸として盛んです。また、関東の北に位置し、内陸特有の朝晩の温度差が大きく、果実の味にも貢献しています。日光連山からの地下水も豊富で、地下水を利用したウォーターカーテンシステムは冬場、地下水で保温することができるため省エネにもつながりコストダウンが図れます。

## 三、栽培方法の特徴

当園では前述のように高設ベンチ栽培が特徴ですが、それに加え苺に与える水、肥料も独自のものです。よくベンチ栽培というと水耕栽培ですね、と言われますが、水耕ではなく土を使用した養液土耕栽培で、土は入れ替えせず、毎年収穫が終わると有機質の土壌改良剤を入れて、化学農薬を使わないで太陽の熱を利用する太陽熱消毒を行い、土作りを行います。

また、水を電気分解してできた電解水を希釈して潅水に使用します。これは、水をアルカリ性と酸性に分け、酸性は殺菌力があるために苺に散布することで農薬を減らし、減農薬栽培を可能にします。アルカリ水は土壌を活性化し、肥料の吸収を良くして成長を促進します。

そして、植物の光合成を促進、活性化させる微生物が作り出す酵素も使用します。酵素は果実を肥大させ、完熟でもしっかりした実になり日持ちを良くします。

肥料にも特徴があり、特にカツオや貝類から抽出した遊離アミノ酸を多く含んだ有機肥料を与えることにより、果実を芳醇な香りと濃厚な味にします。

メインの肥料に加え、微量要素（微量元素）肥料も通常の農業用で販売されている要素に比べ多くの微量要素を含む肥料を与えています。最近の苺の品種の傾向として大玉で高糖度という方向にありますが、筆者は糖度だけでなく苺らしい酸味もあった方が好きで、酸味と甘みのバランスに気をつけており、それを実現させるのがこの微量要素肥料の配合比率です。当園の苺は生食だけでなく、業務用（ケーキなど）としても評価をいただいているのはその効果だと思っています。

収穫はヘタまで赤くなった完熟状態で採ります。通常、農協では少し白い（青い？）状態で収穫して出荷していますが、これは苺は非常に果皮がやわらかく、日持ちもしないため、少し早採りしないと店頭に並ぶまでに駄目になってしまうからです。当園では前述の独自の栽培方法により、完熟で収穫しても実はしっかりとしており、日持ちするのが最大の特徴であり、高評価をいただいているひとつです。

写真7－1　高設ベンチ

写真7－2　電解水装置

## 四、販売先について

現在、多くは県内のデパート、高級スーパーで販売、お歳暮ギフトとしては二四粒入り一万五〇〇円という県内ではおそらく最も高いうちの価格で販売されています。その他、県内高級ホテル、旅館、都内ホテルにも出荷しており、東京帝国ホテルでは最高級の苺としてＶＩＰ用コース料理、厳選ケーキ用に使用され、そのケーキは皇室にも献上されています。

苺は非常にデリケートな果実ですから、どうしても傷がついたり形が悪かったりして通常に出荷できないものの比率が高いのですが、そのハネ品を有効活用する方法を考えていました。平成二十年に益子町でジェラートショップを経営している布瀬智子さんと組んでストロベリージェラートを販売する会社を設立。また、京丹後市の竹野酒造さんとは高級純米吟醸酒に苺を漬けてつくるいちご酒を企画して、両方とも国の農商工等連携事業に認定されました。

## 五、食の安心・安全について

経営理念として最初にも述べましたが、「未来を担う子どもたちに、安心・安全・高品質を提供する」というものがあります。筆者の子どもはまだ上が小学生、一番下は幼稚園ですが、自分の子どもがいつ農園に来ても、採って食べられるもの、そして子どもは一番正直ですから、まずいものは食べません。自分の子どもにお父さんのいちごは一番美味しいと言ってもらえることを常に心がけています。

では、安心・安全とは何でしょうか？　世の中には誤解されていることが結構あります。たとえば有機農法。規格ものに有機ＪＡＳ認定がありますが、この規格は非常に厳しく、実際に認定されている農産物は非常に少なくてあまり市場には出回っていません。どういう根拠かわからない有機農法と書かれた農産物を多く見かけますし、有機農法＝無農薬栽培などとまったく関係ないのに、そう思っている一般消費者が結構いらっしゃいます。

農薬についても、誤解されていることが多くあります。もちろんまったく使わないで生産できればそれに越したことはないのですが、現在出回っている苺の品種は非常にデリケートで病気や害虫に弱く、少なくとも苗の時にしっかり病害虫の防除をしなければ半年の出荷期間を維持するのは無理です。ただ、農薬といっても比較的新しくできた薬は人間には毒性が少なく、残留も短いものが多いためそういったものを選んで使えば、かなり安全です。当園では収穫期間中、やむを得ず農薬散布するときは必ず残留期間が非常に短く、しかも出荷可能日数プラス一日を置いてから出荷しています。こうした安心・安全に対する心がけも生産者と消費者をつなげる信頼感につながり、とくに個人で出荷している筆者のような農業者には大切なことだと思います。

写真７－３　24粒１万円の苺

また、一般的に農薬については大変敏感ですが、実はそれと同じくらい人体に悪影響を及ぼすにも関わらず、あまり注意されていないものがあります。それは、農産物内に含まれている硝酸態窒素です。硝酸態窒素を多く含む野菜や果物を食べると、酸素欠乏症や体内である物質と結合して発がん性物質になる可能性もある健康上大変に問題な成分であるにも関わらず、あまりチェック機関がありません。

有機肥料は、この硝酸態窒素についても逆に増やしてしまうこともあります。特に未熟堆肥を知らないで多量に施すと、最初はあまり植物に吸収される養分に分解されないのでわからないのですが、一定期間をおいて微生物に分解され、急に肥料成分として多く吸収されすぎて、結果的に植物体内に未消化の硝酸態窒素の濃度が高まり、有害な農産物となってしまうことがあります。そして、植物はその品種によってよく吸収する養分とあまり吸収しない養分とがあるので、土壌分析しないでむやみに有機肥料ばかり与えていると土の中の養分バランスが狂い、連作障害といわれる土壌病が多発して、作物が育たない土地になってしまいます。筆者は常に土中の養分バランスを考えて、有機肥料と無機肥料を適時混用して施肥しています。

当園で使用している、電解水、酵素、アミノ酸、微量要素はすべて植物体内から硝酸態窒素を減らす効果を持っています。よく、野口さんのところの苺はやさしい味がすると言われるのですが、これは苺に含まれる硝酸態窒素の量が平均値より大体半分以下になっているからです（硝酸態窒素が多いと苦味や渋みに感じることが多い）。よく農家の方は言います。良い農産物は良い土から。良い農業は良い土作りから。ベンチ栽培で土を使用した理由もここにあり、培土も毎年土作りをします。一般的にベンチ栽培は土耕栽培に比べて味が落ちるといわれますが、腰を曲げて身体を酷使する土耕栽培を長年続けるのが嫌だったために、当初から高設栽培を取り入れ、最大の目標がベンチ栽培で土耕の味を超えることでした。では、なぜ一般的にベンチ栽培は土耕栽培に比べて味が劣るのでしょうか。

苺は通常九月上旬に苗を植え付けます。そのために七、八月に土づくりをするのですが、その時に良質の堆肥やミネラル分を多く含む土壌改良剤というものを入れて、肥えた土に蘇らせるのです。九月に植えた苗は通常十一月～十二月に出荷が始まり、五月ぐらいまで（当園では六月中旬まで）続きますが、ベンチ栽培も味においてて当初は出荷の中期までは土耕栽培に引けを取りませんでした。ただ、どうしても後半になって暖候期を迎えると土耕栽培に比べ糖度が落ち、水っぽくなって味が劣ってきました。その違いは何か？　考え付いたのが土の量でした。ベンチ栽培の土は、ベンチ幅四〇センチメートル、深さ一五センチメートル程しかなく、一本の株当たりの土の量が明らかに少ないのです。土が少ないと何故味が落ちるのか？　土の中にある有機物や微生物、微量要素が土の量が少ないため後半になると苺に吸収され尽くして無くなるため、味が落ちるのだと考えました。

次の年、それまで与えていた肥料に加え、常に良い土とされる土の中に豊富に存在すると思われる有機物、ミネラルや微量要素、分解してくれる微生物、光合成促進酵素を、特に後半から肥料混入機を使って多く施しました。予想は見事に当たって、収穫最後まで糖度も高く、味も濃厚な苺を出荷することができました。今では逆にシーズン後半のこの味は高設だからできる技術だと言っていただいています。

## 六、現状の課題と将来の展望

最大の課題は、利益が出ていないことに尽きます。その中でも一番の悩みが人件費で、基本的に農業は工業製品等に比べ利益率が非常に低く、製品を作るためには非常に手間がかかり、その割に販売価格が低いということです。よく農業は家族内でやるから利益が出るのであって、人を雇ったら赤字になると言われています。筆者は当初から農業を企業的に行っても利益が出る構造にしたいと思っていました。それを実現するために最も必要なことは製品（苺）に高付加価値をつけ、高品質な苺を生産して高く買ってもらえることです。

当園の苺の販売価格は、農協系統の価格に比べキロ当たり平均一〇〇円以上高い価格ですが、不景気に影響され、筆者が一〇年前に始めたころより栃木県の平均価格は二〇〇円（キロ平均）以上下がっています。高付加価値の苺といえども平均価格に左右されますから、当初の計画より価格が下がっていることが大きな原因です。

二つ目は温暖化による育苗期の病気の多発です。苺の育苗期は六月〜八月で、一年の中でも最も暑い時期に苗を育てなければなりません。筆者が栽培を始めたころは夏の気温は三〇度を少し超える程度でしたが、ここ数年は四〇度近くにもなり、また夜もあまり下がらないものですから苗が人間と同じように暑さで消耗し、そこに高温多湿を好む苺の病原菌が繁殖力を増して病気が多発しており、全国的な問題になっています。農業ではよく苗半作といわれ、いい苗ができれば半分の仕事が終わったと言ってよいぐらい重要だということで、苗の出来が悪ければ量をたくさん取ることもできませんし、味も落ちることもあります。病気で枯れた苗を植えかえる手間も大変です。

三つ目は苺経営の根本的な問題である、苺は一年のうち半年しか出荷できないため収入は半年しかなく、作業は一年中あるという点です。

対策として、コスト面ではまず人件費を抑えることです。苺の出荷において一番手間がかかることはパック詰めで、苺の出荷作業の三分の二がこのパック詰めです。ご存じだと思いますが、苺は形や大きさ別に細かく規格が分かれています。この作業は熟練を要し、覚えるまでにかなりの期間が必要になってきますので、短期で忙しいときだけパートさんを雇うという訳にいきません。家族内で経営している苺農家は、最盛期には寝具を作業場に持ち込んでパック詰め作業を行っているところが多くあります。

では、消費者から見て、苺を食べるというのにこんなに細かくきれいに並べてある必要はあるのでしょうか？　多少大きさが不揃いで、きれいに並んでいなくても食べるだけなら構わないと思います。それよりも、味や品質が一番ではないでしょうか？　農協では味では評価されず、いかにきっちり並んでいるかがチェックされます。私は売場のバイヤーと相談しながら、詰め方はなるべく簡略化しつつ、消費者が望むようなパッケージに取り組んでいます。

価格面においては、今まで一番に取り組んできた高品質をさらに高めて、美味しくて安心安全な苺生産を追求し、高級化を目指す一方、少しでも多くのお客様に苺を味わっていただきたく、苺狩りと直売形式のハウスを今回作りました。これは収穫、パック詰めという最も時間のかかる作業を省くことができ、直売は中間マージンが削減できます。また、利益率の向上と利益の還元により販売価格の安価も実施したいと思いますし、生産側と消費側双方に利益をもたらすことにつながります。

ジェラートを手掛けるようになったのも、経営を安定化するために考えついた方策の一つです。

今回、苺の出荷型経営から苺狩り、直売のハウスを増設することができ、当初の理想が現実化しました。近い将来、今手掛けている加工部門のジェラート工場もこの場所に併設し、また他との連携により当園の苺で作ったケーキやクッキー、ジャム、ドレッシング、紅茶なども製品化して直売所に置きたいと考えています。せっかく苺屋が経営する直売所ですから、苺尽くしの直売所にしたいと思いますし、夏苺も栽培し、通年苺が味わえる苺の楽園にしたいです。

## 七、新規就農について

最後に、新規就農について、少し述べたいことがあります。

最初に私が非農家で農業を目指したことは書きましたが、これまで大変な思いをしてきました。東京ではそのころから新規就農ブームが始まっていて、新規就農やIターンフェアが季節ごとに都内のどこかで行われ、毎回何千人という来場者がありました。そこでは各地の新規就農を応援するパンフレットが置かれ、国の助成である新規就農支援資金が無担保無保証人で借りられたり、自治体が農地の斡旋や技術指導をしてくれる等、やる気さえあれば誰でも参入できるような内容が書かれていました。ところが、いざ行ってみると、農業委員会、県市町村の農政課、農業公社、農協、すべてたらい回しでまともに取り合ってもらえません。

農家出身者が、他の産業へ入ることは誰でもできるのですが、農家出身でないものが農業を始めることは、基本的に日本の法律が許していないのです。国は自給率向上だとか、農業の活性化だとか言っていますが、すでに農業の担い手は高齢化し、あと五年もすれば日本の主食であるお米は食べられなくなるのではないかと思うほどです。マスコミも田舎暮らしとか自給自足の生活とかいって特集番組を組み放映したり、本を出したりしていますが、実際に非農家で新規就農し、自活できるまでになっている人は全国で何人いるでしょう？

農地法という法律で農家は守られているのですが、筆者から見れば逆に農業を発展させるのに障壁になっているのもこの法律であると思っています。ただ、実際には市町村の農業委員会（場所により、役場が兼ねているところもあるようです）が、栽培面積や栽培品目、その人のやる気などを加味して特別に農業者として認めていただいて、農地を購入したり賃借して始められるのです。

| | | | |
|---|---|---|---|
| 農場住所 | | | |
| 第１農場 | 栃木県宇都宮市屋板町427－2 | | |
| 第２農場 | 栃木県宇都宮市西刑部町1351 | | |
| 栽培面積 | | | |
| 第１農場 | 鉄骨連棟ハウス | ６m×34m×８連棟 | 約1,630m²（500坪） |
| | 鉄骨連棟ハウス | ６m×25m×８連棟 | 約1,200m²（360坪） |
| 第２農場 | 単棟パイプハウス | 50m×６m７棟 | 合計　2,100m²（640坪） |
| | | 合計　約4,950m²（1,500坪） | |
| | 育苗ハウス | 単棟6.4m×65m、6.4m×63m、5.4m×30m、4.5m×20m２棟 | |
| | | 合計５棟　1,160m²（360坪） | |

多くの非農家新規就農者は、ここでまず農地の確保につまずきます。農業委員会に行っても、自分で探してくださいと言われ、地元出身者でない者が、いきなり農家に行って農地を売ってくださいとか貸してくださいとかお願いしても、相手にされません。また、運よく農地が見つかったとしても、簡単にパンフレットに書いてあるように資金は貸してくれないし、相手は生き物なので、最初から良いものを作ることも難しいです。

筆者は、自分が経験してきたこの困難を少しでも減らしてあげて、非農家で農業を目指したいと思っている若者を受け入れて、自立させるお手伝いをしています。資金援助をするほどは自分の経営が軌道には乗っていないので無理ですが、まず当園で研修生として受け入れ、独立しても苺が作れるところまで技術をつけてもらい、農地は筆者が周りの農家から情報をもらって斡旋しています。農家の方は、貸したはいいが、途中で挫折されて農地をそのままにされるのが一番困るわけですが、万が一そんなことが起きた場合は、そのまま経営を引き継ぐと約束するわけです。自分自身まだまだ自慢できる経営ではないのですが、周りの農家からはある程度信頼されるようになってきたので、そう言えば安心してもらえるわけです。

もう一つ大事なことは、出荷先です。もちろん農協の部会に入ることは誰でもできますが、新規就農者は親の代から農業を継いでこられた方に比べると非常にコストがかかっているわけですから、ある程度良いものを作ってそれに見合う価格をつけて有利販売しなければ利益が出ません。当園を出た研修生には美味しい苺を作ってもらい、筆者が出荷している先を紹介し、有利販売できるようグループとして販売しています。

これからの農業の担い手として、新規就農者は非常に重要です。どこかで新規就農で頑張っている農業者を見かけましたら、ぜひ応援してやってください。また、行政にはもっともっとバックアップしてあげられる仕組みを作ってもらいたいものです。

# 第8章

# マルドリ栽培による高品質ミカンの生産

長谷川美典

## 一、お天道様次第のミカンの味

ミカンというと、冬に、こたつに入ってテレビを見ながら、家族と一緒に食べたものです。その頃は積まれた一山に甘いものも酸っぱいものも一緒に混じっており、むしろ、味の当たり外れを楽しんでいたものでした。その後、品種の改良が進み、「青島温州」や「大津四号」などの高糖系ウンシュウミカンと呼ばれるいくつかの品種が開発され、また、ハウス栽培や根域制限、マルチ栽培などで作られるようになり、甘いミカンが普通になってきました。

ミカン栽培では、水はけの良い傾斜地で、また、日当たりの良い場所でおいしい果実が生産できることや、夏から秋にかけて、畑の水分を適度に少なくすることによって、甘い果実を生産できることが一般に知られています。このように、露地のミカンの場合、秋に降る雨と日照の多少や長短によって果実品質が変動します。

雨の多い年には、いくら頑張ってもおいしくないミカンができてしまい、ミカンの味は「お天道様次第」などと言われていました。しかし、今の時代、おいしい果実でなければ、消費者は満足しないため、天候に左右されずに、安定した高品質果実を生産できる技術が必要であり、その技術の一つとしてマルチ栽培が行われてきました。

マルチは、英語ではmulchと書き、元々は、移植した植物を保護する根おおい、敷きわらなどのことをさして言います。マルチの目的は、地表面からの水分蒸散の抑制や、逆に水ストレスの付加、抑草などの効果をねらったものです。

ミカンにおけるマルチ栽培は、通気性はあるが水分は通さない多孔質フィルムなどでミカン樹の下の地表面、あるいはうね立て栽培のうねの部分を覆い、土壌水分をコントロールして、樹体に水分ストレスを与えて果実の糖度を高め、品質の向上を図る方法です。

一九八〇年代から研究が行われ、最初は多種多様のプラスチックフィルムが利用されましたが、水分だけでなく空気も通さないようなフィルムでは、ミカンの根が窒息してしまい、高品質果実生産どころでなく、逆に、果実生産もできず、ひどい場合には樹が枯れてしまうといったことも起こっていました。マルチフィルムの種類によって増糖効果が異なることも明らかとなっています。

マルチ栽培によっても、十分な糖度向上効果が得られなかった事例も数多く見られました。これは、樹園地外から地下水が浸透していたり、被覆間隙から雨水が浸透してきたり、土を乾燥させないままフィルム被覆したことなどが主な事例となっています。

一九九〇年代に入り、通気性はあるが水分は通さない多孔質フィルムが利用され始め、マルチ栽培をすることで、糖度の高い、甘い果実を生産できるようになりました。

ミカンでは水分ストレスが強まると果実内の糖や酸などの成分が直線的に増加することは一九八〇年頃より明らかにされています。実際に栽培現場でも、ハウス栽培、屋根掛け栽培、フィルムマルチ栽培、高うね栽培、ボックス栽培、防根シート栽培など、雨を遮断して高糖度ミカンを栽培するさまざまな技術が行われています。

水分ストレスによって糖度が上昇する機構については、細胞の浸透調節機構が働いていることや糖代謝の変化や果実への光合成産物の移行量の増加など、糖の転流機構の変化などが考えられています。

マルチの敷設によって土壌の乾燥状態を強くするほど、ミカン果実の糖度上昇は大きくなりますが、酸の減少が抑制されるため酸高の酸っぱいミカンとなります。また、果実肥大も抑制され小玉果になり、商品性が低下することになります。

一般に、マルチの敷設時期は、早生ウンシュウミカンで八月上旬、普通ウンシュウミカンで八月中下旬に行われ、二〇ミリメートル以上の雨が降った後か、二〇ミリメートル程度のかん水を行った後にマルチを敷きます。マルチの敷設後はマルチの下に雨水が流れ込まないように、傾斜地の水の流れなどを考慮して被覆しますが、雨を待ってのマルチ敷設はタイミングなどの難しい点が多くありました。

## 二、マルドリ栽培の開発——樹が枯れるか、おいしいミカン作りか——

現在は独立行政法人となっていますが、果樹研究所や四国農業研究センターなどの国の試験研究機関は、国内の食料の安定供給、食の安全・安心や健康機能性を付加した高品質な農産物の供給、バイオマスエネルギーの生産・利用などの研究・技術開発を通して、活力ある農業、食、環境面から二十一世紀の豊かな日本社会の実現に向けて貢献することが使命となっています。

今回、筆者らは誰もが間違いなくおいしいミカンを作ることのできる技術を開発し、国内の急傾斜地で営まれているカンキツ産業に、少しでも寄与できればと考えました。マルチ栽培の難しさは、前にも述べたように、いつマルチを敷くのか、そのタイミングの難しさです。雨の多い年は、なかなかマルチを敷く時期が分かりませんし、乾燥が続いている時にマルチを敷いたら、そのうちに、水分不足になって樹が枯れてしまうことにもなりかねません。

誰もがあまり多くを考えなくても、マルチを敷く方法は、年中マルチを敷いておいて、必要な時に水をやることです。これなら間違いなくおいしい果実を作ることができます。

この方法にも難点がありました。年中マルチをしていたら、いつ肥料をやるのか？　必要な時に水をどうやってやるのか？　と言う質問をよく受けました。それには、「肥料は液肥として、かん水をする時に一緒に行う。かん水はマルチの下に点滴でかん水できるようなチューブを敷いておく」と答えます。

土壌改良や緩やかに効果がある肥料として必要な堆肥はマルチを敷く前に入れておいて、三～四年ごとにマルチを敷き替える時に施すことで、解決できます。

それでも、樹が枯れてしまうのではという心配を農家の人達は持っていました。最後は「枯れてしまったら補償しますよ」と言うことで、現地試験をやってもらうことになりました。

透湿性のあるマルチシートの敷設に加え、シートの下に敷設した点滴チューブによってかん水と施肥を自動的に行う「周年マルチ点滴かん水同時施肥法」の開発です。マルチと点滴かん水装置を設置することで、いつでも土壌水分をコントロールできるため、長雨や干ばつといった年による気象変化を気にする必要もなくなります。

しかし、このような長い名前では、誰も関心を持ってくれません。マルチと点滴かん水（ドリップかん水とも言います）の二つの言葉を合わせて、「マルドリ」と言うことにしよう。これは現地調査からの帰り道、車の中での研究員の発案でした（図８―１）。

音の響きも良く、この方法で作った果実が丸ごとおいしく採れるような感じがします。感じだけでなく、その通りおいしい果実が生産できるのです。

ここで、マルドリ栽培の特徴をまとめてみます。

①　園地の表面に基本的に一年中マルチを敷設します。これまでのマルチ栽培の問題点であった毎年のマルチ敷設と撤去の労力が不要になり、マルチを敷くタイミングに悩む必要もありません。また、雑草抑制や果実の着色促進にも効果が期待できます。

②　点滴かん水チューブを用いて、かん水施肥管理の自動化ができ、かん水施肥作業の省力化を図ることができます。一般に、収穫後に秋肥を散布することで樹勢の維持を図ろうと言われていますが、収穫するだけで精一杯で、とても秋に施肥をする余裕などありません。肥料の効きの悪い冬の施肥になってしまいます。しかし、マルドリ栽培では自動で施肥管理ができるので、肥料がしっかり効きます。

写真８－１　マルドリ栽培

③　液体肥料による施肥管理を行います。固形肥料に代わって、液体肥料を用いることによって、肥料成分などは土壌や生育ステージの実態に合わせた選択が可能になります。雑草による吸収や雨による溶脱が無いため、施肥量は固形肥料などを用いる場合に比べて、六〇～八〇パーセントとすることができます。

④　もちろん、高品質果実生産ができます。これがマルドリ栽培の一番の売りです。

## （二）マルドリ栽培で用いる機材と栽培管理

マルドリ栽培で用いる一般的な資機材の概要を図8―1に示しています。

まず、園地の上部に位置する水源（池、タンクなど）から導水管を通じて園地まで水を引きます。ため水などを用いた場合、水に混入した藻やゴミを取り除くため、途中にフィルタを取り付けます。チューブに流す水が水道水ならば問題はありません。液肥混入器と液肥タンクにより、自動的な液肥濃度の調整と液肥施用が可能となります。また、乾電池で自動開閉するバルブ、などを利用して、自動でかん水を制御することができます。

点滴かん水チューブは樹冠下に設置し、その上を透湿性のマルチシートで被覆して、電磁弁と制御器（コントローラ）を用いて、点滴かん水施肥を自動制御します。

一年中マルチを敷いておけば、従来のようなマルチを敷いたり取り除いたりする敷設労力や、マルチの下では草がほとんど生えませんので雑草管理労力が軽減され、そんな点でも周年マルチのメリットは大きいものがあります（写真8―2）。

しかし、マルチシートの値段は結構高いもので、耐用年数を延ばすために、冬から春はマルチシートを撤去したり、樹の根元に畳ん

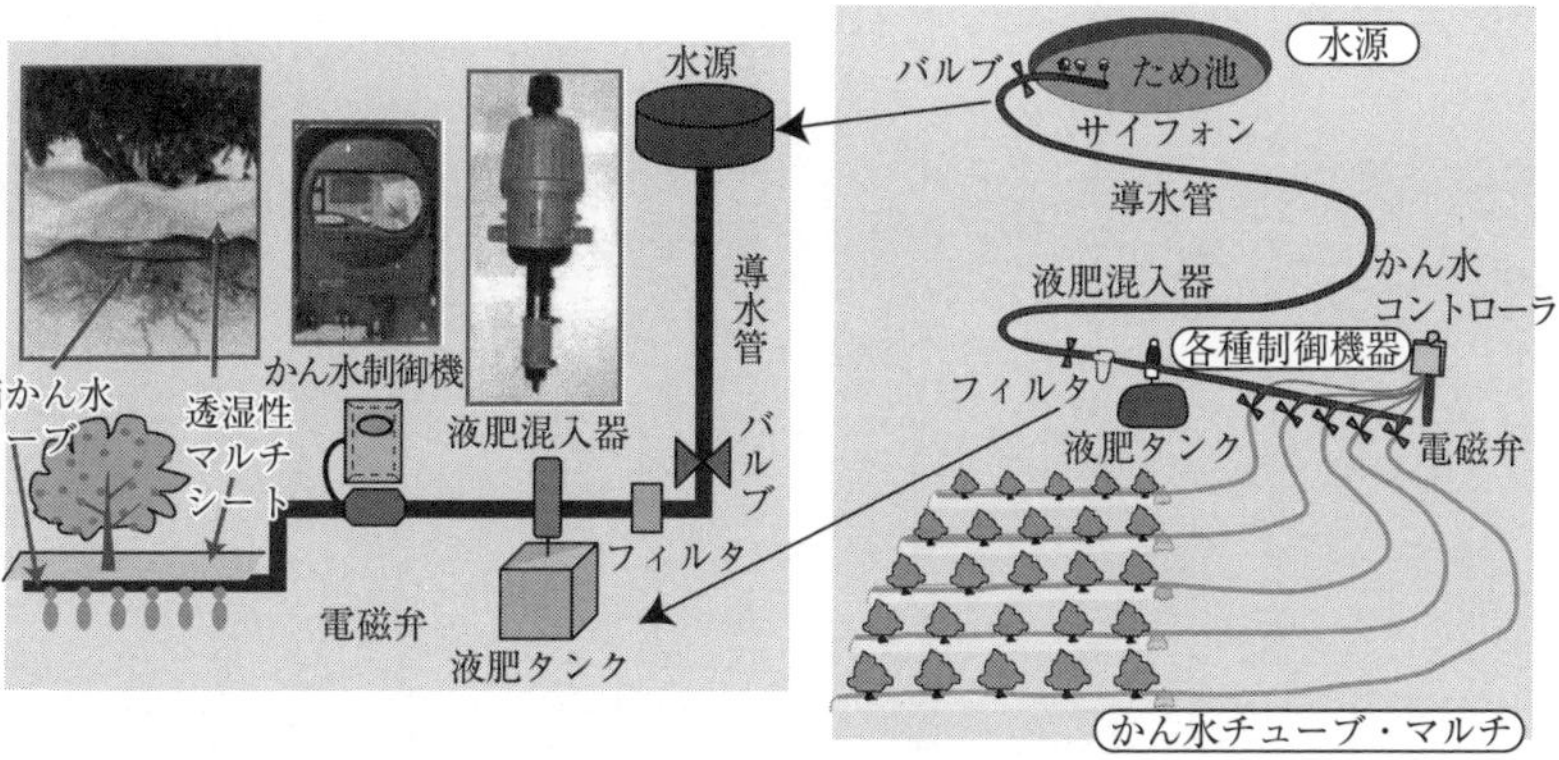


図8－1　マルドリ栽培に必要な資材

でおくのもひとつの方法で、マルドリ栽培では必ずしも周年敷設にこだわっている訳ではありません。

かん水や施肥をどのようにするのか？　年間スケジュールについては、独立行政法人　農業・食品産業技術総合研究機構　近畿中国四国農業研究センターで事例を示しています。周年マルチを行う場合、必要な水の量は一〇アール当たり年間約一七〇トン程度、施肥量は一〇アール当たり窒素量にして約一五キログラムで十分となっています。

写真８－２　傾斜地ミカン園への導入事例
（和歌山県）

点滴かん水では、かん水や施肥の利用効率が高く、一回の総かん水量はスプリンクラーで行う場合の約一〇パーセント、施肥量は固形肥料などを用いる場合に比べて、六〇～八〇パーセントとすることができます。また自動化によって、かん水施肥の省力化を図ることが可能です。

傾斜地カンキツ園では、かん水用の大量の水の確保が難しいところも多く、そのためスプリンクラーと比べ、少ない水量でかん水を行う点滴かん水法が有効です。

また、効率の良い資機材構成とするためには、適切な水理設計が必要となります。この水理設計を支援するソフトウェアについても、近畿中国四国農業研究センターで開発しており、無償で配布しています。詳しくはホームページなどを利用するか、直接、近畿中国四国農業研究センターに相談されることを勧めます。

## (二)　環境負荷軽減効果

マルドリ栽培では、基本的に一年中、地表面をマルチで被覆し、点滴かん水施肥を行います。したがって、窒素肥料の雨による溶脱がほとんどなく、また雑草による収奪などもないために、現在のミカン栽培基準窒素量よりも施肥量の削減が可能です。点滴かん水施肥には液肥混入器、液肥タンク、かん水自動制御装置をセットし、乾電池で自動的に液肥散布をすることができます（写真8―3）。

さらに、点滴かん水施肥によって少量ずつ肥料が供給されるため吸収効率も高く、窒素を始め大部分の肥料成分がミカン樹に吸収され、地下への溶脱量はほとんどないと考えられ、マルドリ栽培の環境負荷低減効果は高いものと判断できます。

写真8－3　液肥混合器
（近畿中国四国農業研究センター四国研究センター次世代カンキツ生産技術研究チームより提供）

### （三）マルドリ栽培の導入効果

マルドリ栽培では、同じ品種でも糖度や等級のばらつきが少なく、秀品率が大幅に向上します。極早生ウンシュウミカン「日南一号」では、慣行の露地栽培では約八五パーセントが糖度一一度未満でしたが、マルドリ栽培では、収穫果実の約四五パーセントが一一度以上を示しました（図8―2）。

また、慣行露地栽培では「優」や「秀」の割合が高いのに対して、マルドリ栽培では、「特」の割合が約二〇パーセントと高くなりました（図8―3）。

それまで、極早生ウンシュウミカンは糖度が上がらないため、早々に伐採して、他の品種に改植した方がよいと言い続けていた筆者も、マルチを敷くことで、糖度が一一度以上になるならば、これは良い方法だと実感しました。

マルドリ栽培を導入した農家や農協に、その効果について質問してみると、「糖度向上」、「収穫後の樹勢回

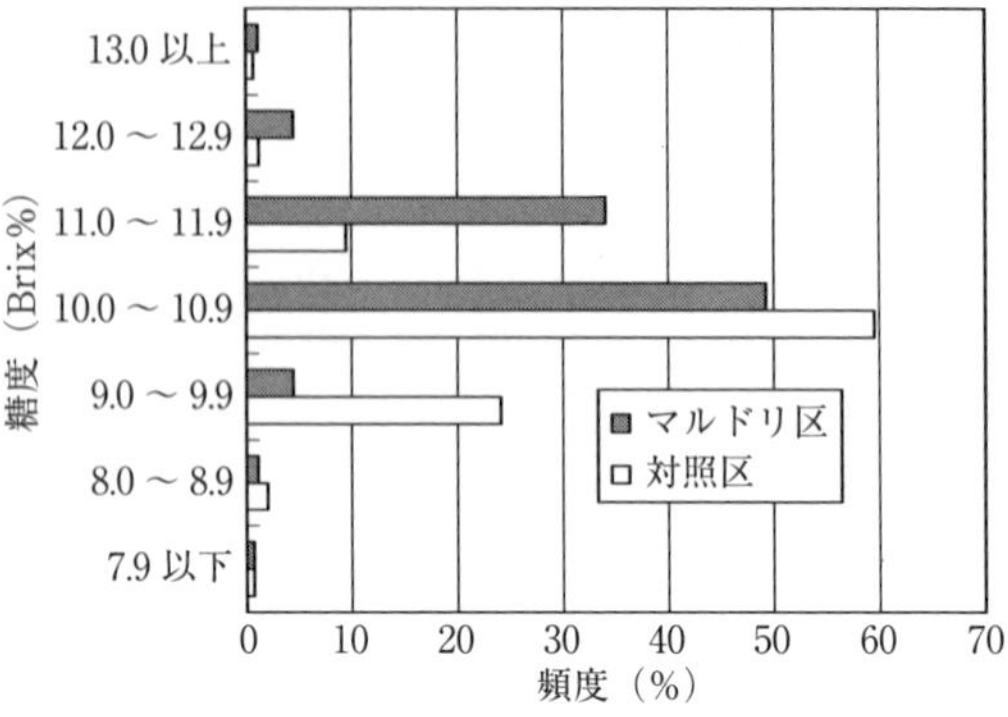


図8－2　マルドリ栽培による糖度上昇の効果

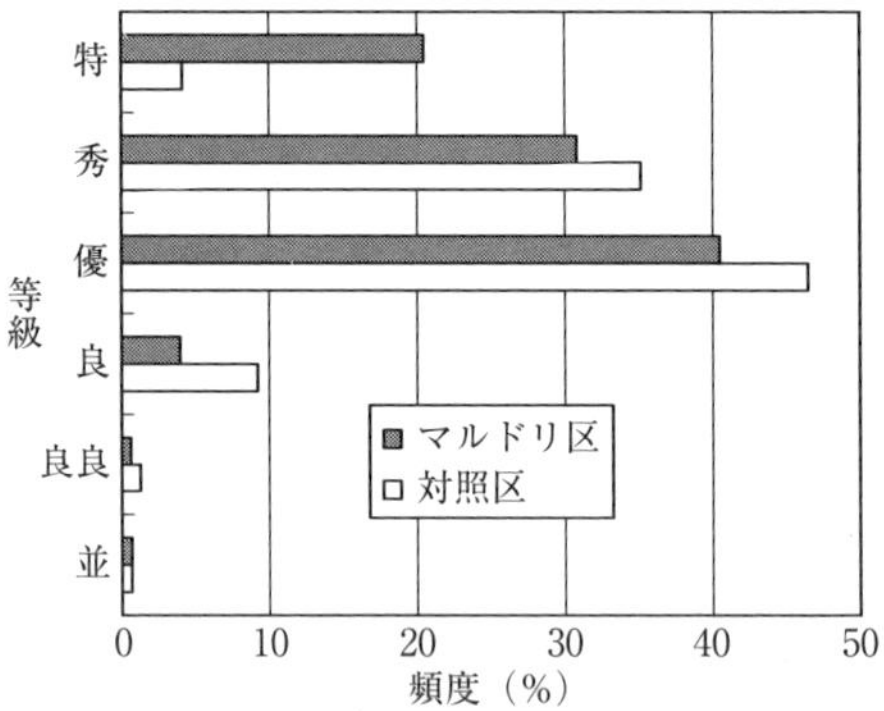


図8－3　マルドリ栽培による秀品率の向上

復」、「隔年結果の緩和・解消」、「果皮の色づき促進」などの回答が多くあり、マルチ栽培の糖度向上効果と点滴かん水施肥による樹勢の維持により高品質果実の安定生産が可能となっている実態が明らかとなりました。

また、ある農家で調査したところ、出荷したミカンの平均糖度は、二〇〇五年のマルドリ栽培は一三・六度、二〇〇六年は一三・三度で、露地栽培のミカンよりそれぞれ一・〇度、〇・八度高いことが分かりました。さらに、マルドリ栽培では糖度や果実等級は園地全体でのばらつきも少なく、秀品率が大幅に向上し、果実品質の向上が期待できます。

その他、生活習慣病の予防効果があることが分かってきたβ-クリプトキサンチンやβ-カロテンなどの機能性成分についても、マルドリ栽培により栽培した果実で、高濃度となることがわかりました。慣行露地栽培と比較して、β-カロテンで約一・七倍、β-クリプトキサンチンとビタミンAは約一・五倍とマルドリ栽培で高い値を示しました。

また、周年マルチを敷設した農家の年間作業時間は、除草作業時間や施肥作業時間の低減により一〇アール当たり一七・五時間、従来の約一〇パーセントの省力効果が認められました。

### (四) マルドリ方式導入による所得増加効果

現在、マルドリ栽培ミカンの栽培面積は増加しており、すでに導入した産地では、販売戦略も工夫することによって、従来の露地栽培の果実に比べて、二～四倍程度の価格で販売している例もあります。

特に、和歌山県有田地域では、マルドリ栽培したミカンを『紀の国有田まるどりミカン』として販売しています。ブランド化により出荷単価が平均で一〇〇～二〇〇円程度向上しました。また、和歌山県の早和果樹園では、マルドリ栽培したミカンで作ったジュースを、『味一しぼり』や『味まろしぼり』などとネーミングして、高価格で販売しています（写真8－4）。

こういった事例にあるように、マルドリ栽培により農家の粗収益は五八万円（二〇〇五年）と二九万一千円（二〇〇六年）の増額となり、マルドリ方式の施設を減価償却費として計上すると、農業所得は四八万四千円（二〇〇五年）となり、一八万三千円

写真8－4　和歌山県マルドリミカンと早和果樹園の『味一しぼり』（パンフレットより）

（二〇〇六年）の増額となっています。

これまで、ミカンのマルドリ栽培は、ミカン産地である静岡県から鹿児島県まで、全国の農家に普及しています。特に、三重県、熊本県などで急速に普及しており、長崎県、福岡県では農協組織を挙げて普及促進しようとしています。マルドリ栽培はウンシュウミカンだけでなく、中晩柑などへの応用を含めると約五〇〇ヘクタール以上になっていると思われます。

## 三、すべてがうまくいくとは限らない

マルドリ栽培について、いろいろ良いことばかり挙げてきましたが、すべてうまくいく訳ではありません。まだまだ解決しなければならない点もあります。

### （一）設置コスト

何事も新しい事業を始めるには、初期投資がかかります。マルドリ栽培においても同じことが言えます。一〇アール当たりの主要な資材費として、マルチ代が約一五万円、点滴チューブ：五〜一〇万円、液肥混入器：六万五千円、電磁弁四台：二万五千円、コントローラ：四万五千円、フィルタ：一万円で、導入時に必要な経費は三五〜四〇万円程かかることになります。

種々の資材を検討することによって、コスト削減は可能であると考えられます。約四〇パーセントほど安価な二八万円／一〇アール程度の資材を用いても、従来の資材と同等の果実品質が得られています。

一方、マルチシートの耐用年数が三年、チューブ二〇年、液肥混入機一〇年、電磁弁一〇年、コントローラ

一〇年、フィルタ一〇年などの減価償却を考えると、一年間にかかる経費は八万円程度となります。一〇アール当たり三トンの収量があるとすると、ミカンのキログラム単価が約二七円上がれば、十分に元が取れます。初期投資分についても、一二〇円ほどの単価アップで、一年で採算が合うことになります。マルドリ栽培を導入された農家の実績を見る中では、一〇〇円以上の単価アップは比較的容易に得られる数字となっています。

### (二) かん水の時期判断

マルドリ栽培は夏の乾燥時期に水やりができるからといって、絶えず水やりをしていては、樹体にストレスがかからず、おいしいミカンはできません。といって、乾燥しすぎては、小さな果実にしかなりません。かん水のタイミングと量の判断が難しい訳です。

土壌の状態や日照、気温、樹の状態などにより、かん水の適切なタイミングや量が変わるため、夏のかん水については一般的な基準を定めることができません。樹や葉の萎れ具合から、農家の判断によってかん水を行う必要がありますが、客観的な基準をいまだ作ることができず、適切な水管理には栽培者の熟練が必要となっています。

### (三) 水路や園地整備など周辺環境の確保

マルドリ栽培するためには、マルチシートや点滴チューブの敷設のために園地整備の必要があります。ある程度は平らな圃場にしておく必要があります。樹齢や品種も揃えておいた方がバラツキのないおいしい果実生産につながります。

マルドリ栽培では、畑の表面全体にマルチシートを敷くために、大雨になった時、一度に大量の水が流れ出します。マルチで覆った面積に降った雨の高さを掛けた体積が流れ出すことを想定して、水路やその先の水の出口を作っておく必要があります。昨今の異常気象で、大雨が降ることも多くなっています。特に注意が必要です。

## 四、これからはマルドリ栽培だ

昨今の消費者は食べやすく、おいしくて、バラツキのない果物を求めています。バナナが果物の消費量で一番多くなっているのは分かる気がします。ミカンも食べやすいのですが、おいしさのバラツキの点で負けています。マルドリ栽培で、おいしくてバラツキの少ない果実生産が可能となります。

環太平洋パートナーシップ（ＴＰＰ）への参加が取りざたされ、近年、低コストの海外産果実の輸入が徐々に増大してきています。そのような中、国内産果実は、高品質を維持しながら低コスト化を図っていく必要があります。以前は、農産物はお天道様次第で、収量も品質も天候に左右される農業でした。しかし、量が少なければ、また、品質が悪ければ、海外から必要なものは輸入するという傾向が強くなってきており、おいしくないものは、いらない時代となってきています。

カンキツ類のマルドリ栽培は、それほど金や労力を掛けずに高品質ミカンが安定して生産できる技術であり、今後導入が増えていくと期待されています。

マルドリ栽培は普及も拡大していますが、前に述べたような課題も多く残されています。これらを始めとしたさまざまな課題を解決するためには、多くの知見や技術が必要で、さまざまな分野の専門家の協力が望まれるところです。皆で知恵を出し合って、おいしくてバラツキのないミカンを作っていきたいものです。

なお、詳しくは、近畿中国四国農業研究センターのホームページや参考資料を利用して下さい。

図表などは森永邦久ら著「近畿中国四国農業研究叢書　マルドリ方式　その技術と利用」（二〇〇五）より引用しました。

【その他の参考資料】

近中四農研センター編：周年マルチ点滴潅水同時施肥法（マルドリ方式）技術マニュアル（二〇〇三）
近中四農研センター編：傾斜地カンキツ園の整備・保全技術資料（二〇〇三）
間苧谷徹・町田裕：園学雑四九、四一一—四八（一九八〇）
高辻豊二：農業技術、四六、三九八—四〇二（一九九一）
Yakushiji et al. : J. Amer. Soc. Hort. Sci. 123, 719-726 (1998)

# 第9章 干しいも屋二代目のエコ芋づくりを通して

坂口　和彦

## 一、無肥料無農薬栽培という「拷問農業」

古くから農業は雑草との格闘と言われ、草取り仕事は農作業の中でも大変な苦労でした。ようやく草を取り終えても、取り始めの畝はすでに草ぼうぼう。また草取りです。この繰り返しが百姓仕事の大部分でした。昭和三十年代になるとアメリカやドイツから除草剤なるものが入ってきました。薬剤を水に溶いて噴霧すれば厄介な雑草が枯れる。しかも作物に影響なく雑草だけを枯らす選択性の除草剤というものです。事実、魔法というか夢のような農薬で、農家は草取り作業から一気に解放されました。

この事実は筆者も体験しています。私の養家は小さな兼業農家でしたが人手が足らず、小学生の頃から一通りの農作業をこなしていました。その頃に陸稲(おかぼ)の雑草だけを枯らす何とか乳剤というものに驚き、単調な辛い草取りから解放されて家中で喜んだことを記憶しています。

ところが夢の除草剤が魔物であることが分かってきました。ベトナム戦争で米軍が使った枯葉剤は、農地に使う除草剤と同じ成分のものだったのです。その頃、日本でも自然界や人体にさまざまな農薬禍が発生し始めていました。筆者も農薬が原因かもしれないという国指定の難病を患いました。ところが農薬メーカーはさるもの、除草剤の成分を微妙に違え、農薬名を変えて今日に至っています。殺虫剤や殺菌剤も同じような道筋をたどってきました。

形良し色良しの農産物をたくさん収穫するために、殺菌剤、殺虫剤に始まり除草剤や土壌消毒剤といった化学合成農薬をふんだんに使い、疑うことなく化学肥料を振りまいてきた日本の近代化農業でした。しかし結果は悲惨なものです。上辺の目的は達成されても、化学肥料などの残留物が土壌に増えて土の劣化が進み、農作物の生育を支えていた土壌微生物は死滅してしまいました。かくて自然界の調和の中にあった豊かな農耕地は、腐敗菌やら寄生性センチュウといった有害微生物の安らかな住まいに激変してしまいました。

農産物の生産量は減り農薬代などの出費が増え、自らも農薬中毒に悩まされる農家は、安全な農作物を求める消費者の声に押されながら、減農薬減化学肥料の栽培を始めました。なかには無肥料無農薬（無化学肥料無化学合成農薬）栽培に移行する強者も現れています。

ところが農作物のほとんどの品種は、化学肥料と化学合成農薬の使用を前提にして開発されていますから、減農薬減化学肥料程度の栽培でさえ農家は四苦八苦しています。特に、除草剤と土壌消毒剤を使わない農業は無理といえる状況です。これを承知で実行するなら「拷問農業」としか言いようがありません。ですから減農薬減化学肥料の農業と声を高めても、実態は除草剤と土壌消毒剤は止められないわけです。美しく見える農地はかくもねじれて保たれているのです。

最近はさらに困難な事態が生じています。無化学肥料の救世主である堆肥が問題ということです。輸入飼料や抗生物質を与えられた家畜の排泄物を原料にした堆肥のほか、輸入木材のチップなどで作った堆肥を入れている畑では、農作物に奇形が発生し収量も落ち、土壌耐性菌の被害さえ出ているということです。畜糞堆肥や厩肥（きゅうひ）に問題が出たとなれば、政府が誘導する耕畜連携農業の命脈は断たれ、糞尿の排出から逃れられない畜産農家の将来が問われかねず心配です。

## 二、量から質への徹底追求

誰もが無理という除草剤と土壌消毒剤の使用をきっぱり止めて、まさかの「拷問農業」に立ち向かい、ひたすら大規模な自然農業の完成を目指す凄腕農家を知る長編ドラマの開幕です。

登場する主人公は干しいもの匠、茨城県那珂郡東海村で活躍されている照沼勝浩さん、昭和三十七年生まれのバリバリ人です。農業生産法人株式会社照沼勝一商店の代表取締役という立場です。

照沼家は二十代続く旧家で、戦前から生食用のサツマイモ生産を手掛け、最盛期の作付面積は八〇ヘクタールを超えていたそうです。

照沼勝一商店の初代社長は照沼さんの父勝一さんです。この方は抜きんでた商才の持ち主でした。昭和三十年頃のこと、農業を続けながら近隣町村の農家から、サツマイモやスイカを買い付けて販売する産地仲買商を始めました。昭和四十年代に入り、正月をすぎると品薄から干しいも相場が上昇していることに着目しました。これは大きなメリットですから活かさない手はありません。いち早く低温倉庫を作り、近隣農家から仕入れては貯蔵し、相場の高まる春先を待って有利に販売を展開しました。

重たいサツマイモや干しいもを庭先で買い取ってもらえる農家は大助かりです。出荷の手間はいらないし手

写真９－１　化学合成農薬を徹底拒否した「拷問農業」ともいえる芋作りに挑む２代目代表取締役　照沼勝浩さん（右は筆者）

軽に現金を手に入れられましたから、勝一さんの商売は歓迎されました。

勝一さんは昭和五十三年に株式会社照沼勝一商店を設立しています。この頃の年間売上げは一〇億円を下回ることがなかったといいます。勝一さんは高度経済成長やバブル経済を巧みに活かして利益を上げ、低温倉庫や冷蔵倉庫を増設し、経営規模を拡大して成長を遂げました。

いずれ二代目を継ぐ勝浩さんは、がむしゃらな父の事業展開を冷ややかに見て育ちました。照沼家を継いでも父の商売をそのまま引継ぐ気は起きなかったといいます。大学進学の希望は父の反対で断念。勉強するより早く商売を覚えるべしという確固たる人生哲学を持っておられたそうです。

地元高校を卒業して照沼勝一商店に就職したものの、当然ながら父とは別の商売を手掛けました。当時はバブル全盛でしたから、迷いなく株式投資に力を入れたそうです。カエルの子はカエルか、ほどなく目標利益の一億に手が届きそうになりました。ところが平成五年頃にバブル景気は突如崩壊、株は大損。大きな負債を抱える厳しさを嫌というほど勉強させられてしまいました。しかし馬力のある照沼さんのことです。独立事業に懲りたものの商売のコツをつかみ始めていました。徐々に父の強引な仕事も受け入れられるようになっていました。今では尊敬する人は父と言い切っておられます。

二代目勝浩さんは時代の変化を読んでいました。バブルがはじけてからデフレ経済は常態化。消費者マインドは良いものを安く求める方向に傾斜。飽食病は峠を越して健康食へ志向、と分析しました。品質を問わない大量仕入れ、相場に左右される高リスク販売という先代の経営に与しては、この先会社は危機にさらされかねないと考えました。

代表取締役に就任して直ぐの平成十六年九月、あろうことか年商一〇億円を稼いでいる父に退職金を大枚積んで退職してもらいました。翌年にもサプライズがありました。ある事故がきっかけでしたが、ドル箱の生食用サツマイモ生産を原料用品種のサツマイモに全量切り替え、これを干しいもに加工する一貫経営にシフトしてしまいました。この方針転換にドラマのメインストーリーが隠されています。

## 三、冬の北西風が良品干しいもを作る

茨城県東海村は関東平野の東端にあり、鹿島灘に面した比較的温暖な地域です。秋から冬にかけて乾いた北西の風が吹くものの、内陸ほどの冷え込みはありません。土壌は火山灰土で水はけが良く、平坦で肥沃ですから農業に適したところです。

茨城県は農業に力を入れており、利根川を挟む千葉県とは全国上位の農業産出額を競っています。特産物はサツマイモや落花生、露地メロン、水稲、養豚など多彩です。茨城農業の特色は、伝統的にサツマイモを干しいもに加工し、付加価値をつけて販売していることでしょう。東海村と隣のひたちなか市だけで、全国生産量の八〇パーセント強を産出する干しいも大国です。ライバル千葉県もサツマイモ生産の多い県ですが、ほぼ全量を生食用として栽培していますから、茨城の干しいも加工は特筆ものです。

デフレ経済が長く続く時代は、食材を市場に出荷、販売するだけではじり貧になります。生産した食材に農家自身が付加価値を付けないといけません。気候風土に押された干しいも作りとはいえ、古くから続く立派な付加価値産業です。続けなければなりませんし続ける価値があります。

## 四、地球温暖化で干しいも乾燥時期が半減

東海村の干しいも生産の歴史は古く、本格導入して一〇〇年になるといいます。干しいもはおよそ一五〇年前、静岡県御前崎の漁師が考案したものと言われています。漁をするとき手を休めないで食べられる物として考えられました。それが明治の終わりごろ那珂湊に伝わり、地元の水産加工業者が手掛けました。便利で腹持ちが良いと漁師に好評で、次第に近郷の農家に作ってもらうようになりました。

干しいもの原料はサツマイモです。原料芋には蒸切芋加工用という専用品種の「タマユタカ」を使います。白っぽい皮色をした芋で、黒斑病やネコブセンチュウに強く栽培しやすい品種です。熱を加えると一層味が良くなるそうですから打ってつけです。

ちなみに生食用には「ベニアズマ」が使われています。消費者が買うサツマイモはベニアズマがほとんどで表皮は赤紫色、中身は黄色を帯びた白色のおいしい芋です。泣き所は土壌病害に弱いことです。

照沼勝一商店ではベニアズマからタマユタカに切り替えて、干しいも生産に力を入れています。照沼さんは除草剤を使用せず、土壌消毒やその他の化学的防除も一切行いません。こうした自然栽培に耐えられるサツマイモは、今のところタマユタカ以外にはなさそうです。

干しいもの製造方法はシンプルです。サツマイモを蒸して皮をむき、厚さ一センチメートルほどにスライスし、一〇度以下でおよそ七日間、丸干しの

写真9−2　干しいもに加工される日を待つ「タマユタカ」（筆者撮影）

場合は二〇日ほど天日に干せば完成です。

最近は機械乾燥が増え、照沼さんも一部併用しています。大きな原因は地球温暖化だといいます。干せる期間は十一月上旬を皮切りに翌三月上旬までたっぷり四か月ありました。ところが最近では十二月から二月上旬が精一杯、二か月半も短くなっています。

もう一つ現実的な理由として、消費者の容赦ないクレームへの対応なのだそうです。天日に干せば味も品質も抜群ですが、長時間屋外に広げている間にわら屑などが付いてしまうことがあります。出荷時に人手で丹念に除いても、最近の消費者の厳しい目に叶わせるのは至難だそうです。それで空間を閉鎖した機械乾燥の出番ということ、むべなるかな。

写真9－3　干しいもは作業員の目で1枚ずつ厳しくチェックされ袋詰めされる（筆者撮影）

## 五、中国産が需要量の半分を占める干しいも市場

干しいもの国内需要は年間二万トンあります。このうち中国産が半数を占める厳しい市場です。しかも中国産干しいもの価格は国内産の三分の一程度。最近の小売価格は中国産が一キログラム一、〇〇〇円前後、国内産は二、九〇〇円ほどです。三倍もある価格差を品質だけでどう埋めていくか、三倍高くても消費者が買ってくれるにはどう工夫したらいいのか、悩みは大きく簡単に結論は出てきません。

畑を荒らしておけないからと片手間にサツマイモを作り、昔ながらに加工している国内製品より中国産は良質です。幸いにも消費者に中国食品アレルギーが残っているので、今はこれに助けられていると照沼さんは見ています。このままではいずれ中国産に駆逐されてしまいます。座して見ている照沼さんではありませんから、しっかり市場戦略を描いています。それは「干しいもの個人ブランドの向上」に尽きるといいます。産地振興という地域戦略を組むにも、しっかりした個人ブランドが確立されていなければ、本来の産地力は発揮できないと訴えています。近年の産地間競争の相手は、中国など海外の強大産地ですから納得できる内容です。

照沼勝一商店では「雪の華」という干しいもの個人ブランドを持って、全国に販売先を設けています。

写真９－４　干しいも「雪の華」を中心にした照沼勝一商店のブランド商品の数々（筆者撮影）

照沼さんのさらなる市場戦略は、サツマイモ自体の商品力の向上にシフトしています。簡単に言えばサツマイモの持てる能力を引き出して、イメージチェンジするという戦法でしょう。例えばジャガイモを加工したポテトチップス、これをライバル視しています。照沼さんは加工に向かないとされるサツマイモの甘さを逆手に取り、さつまいもチップスを開発して販売しています。

サツマイモは良質の炭水化物とビタミンＢ、Ｃ、Ｅを多く含み、米と野菜を同時に食べたと同じ栄養分や繊維質を摂取できる食材です。この機能を使って世界戦略を組むことも視野に入れています。たとえば、アンチエイジング効果のある抗酸化食品として、脳機能を活性化する機能性食品として、繊維質の多いダイエット食品としてなど。夢多い話じゃありませんか。

## 六、硝酸態窒素の少ない原料サツマイモを確保

主産地の東海村やひたちなか市では、サツマイモ生産農家の高齢化が進み、追い打ちをかけるように温暖化で乾燥可能期間は短くなっています。このままでは早晩、茨城の干しいもは消滅してしまいます。しかし、まだある一万トンの国産シェアーを守り、さらに拡大に転ずれば消滅を食い止め、世界戦略も可能です。何はともあれ消費者に選んでいただける良質の干しいもを作らなければなりません。照沼さんの執念はこの一点に集中しています。そのためには高品質の原料サツマイモを確保する必要があります。ところが近年のサツマイモは、昔のものより品質が劣るそうです。品質低下の原因は、サツマイモが吸収し同化できなかった化学肥料由来の硝酸態窒素を多く含んでいるためということです。この事実は科学的に検証されています。

硝酸態窒素の多いサツマイモは、炭水化物やビタミン類が少なく食味を低下させ製品の色は黒ずみます。これとは逆に、硝酸態窒素の少ないサツマイモは栄養価が高く味も良く、喉ごし良好で日持ちもします。上質の干しいもを作るには、硝酸態窒素の少ない良品質のサツマイモを生産することが何より大切です。はて、品質の良い原料サツマイモを確保するにはどうしたものか。結論は自分で栽培しなければ埒が明かないということでした。こうして平成十四年に得心のサツマイモ生産に向けて栽培を始めました。会社の収益がある程度落ちることも覚悟してのことだったそうです。

サツマイモの自家栽培にこだわる理由に、もう一つ別の問題があります。照沼さんの在所でも耕作放棄地が増え問題になっています。遊ばせておくのはもったいないことです。見捨てられた農地を借り上げてサツマイモを作り不耕作の解消に役立てたい。除草剤や土壌消毒剤を使用しない自然栽培を貫き、高収量を実証したい。

地道に努力を重ねて伝統ある干しいもの品質も引き上げ、お客様の信頼を回復したい。照沼さんの強い信念です。

ところがその矢先、厄介な問題が見つかってしまいました。それは照沼さんが信頼する篤農家のアドバイスで判明したことです。

照沼家では過去二〇年間、未熟の牛糞堆肥を一〇アール当たり五トンという大量投入を励行してきました。このために畑の土は、窒素、リン酸、カリウムが多すぎて硝酸態窒素が増え、ミネラルは少なく腐敗菌や病害虫の好む環境になっていました。悪いことは重なるものです。輸入木材のオガ粉をよかれと考えて大量に混入していたため、防腐剤等が影響して木材成分はほとんど分解せず、そのまま土中に残るという厄介なおまけが付いてしまいました。

照沼さんは篤農家のアドバイスを受けて堆肥づくりを根本から見直しました。現在はサツマイモの加工残渣やくずいもを利用して、ゆっくり四、五か月発酵させた完熟堆肥を製造して施用しています。

不運にも間違った堆肥を長い間多量に入れて壊した土壌です。いまさら土から悪い成分を除くこともできず困っています。とにかく完熟堆肥を適量入れて、あとは土の自然回復力を待つしかありません。

以前の畑は窒素成分が多く土壌消毒を励行していましたので、サツマイモはよく取れました。ところがこれに満足し、製品のこころである安全性や品質、おいしさを問うことはありませんでした。間違いなく質より量が優先していたわけです。今となって照沼さんは反省の毎日だと言います。

写真９－５　サツマイモの残渣やくずいもで作った熟成中の堆肥（筆者撮影）

## 七、臨界事故の風評被害を教訓に栽培技術を見直す

平成十一年九月三十日午前十時三十五分、東海村のＪＣＯ（株式会社ジェー・シー・オー）核燃料加工施設で、まさかの臨界事故が発生しました。六六六名の被曝者と死者二名を出した日本最悪の原子力事故です。事故の内容は大方承知のことですから割愛しましょう。ここでは事故後の風評被害を記さなければなりません。サツマイモを自分で生産するよう照沼さんの背を押した最大の理由は、実はＪＣＯの事故に伴う忌まわしい風評被害であったのです。

東海村当局は事故後直ちに土壌と農作物の放射能を測定しました。幸いにも影響はありませんでした。しかし風評被害とは恐ろしいものです。その年の売上げは実に八割ダウンしてしまいました。もっとも悲しかったことは、地元の人たちからボイコットされたことでした。近所のスーパーで「当店では半径二〇キロメートルから仕入れた農産物は扱っておりません」という張り紙を見て愕然としたといいます。売上げ激減の惨状を見かねた知人からは、ひたちなか市に事務所を移してはどうかとアドバイスもありました。東海村と隣接しているのに風評被害は出ていなかったからです。

しかし照沼さんは故郷東海村に固執しました。照沼は原子力の東海村と生きていく。風評被害は時間が解決するまで待つしかありません。県など行政の力もないよりはましというものでしょう。

このとき気付かされたことは、二割の人は依然変わらず照沼勝一商店の干しいもを購入してくださっている、この人たちを疎かにしてはいけないということでした。これが後々役立ってくるわけです。時代とは生き物です。地域ブランドで売る時代は終わり、個人ブランドが問われる時代に変貌しています。照沼さんは二割のお

客様に教えられ、勇気をいただいたと言います。

代表取締役に就任してからは、風評被害を教訓に時代の動きを読み、経営の方針や内容を大胆に変更してきました。個人ブランド力を高め、眠れる地域の人たち、仲間たちを覚醒しよう。

それには安全安心のサツマイモ栽培を徹底的に研究して技術確立することです。干しいも専用品種タマユタカへの品種統一、発酵堆肥への抜本改善、除草剤の使用禁止、土壌消毒の廃止、腐敗菌などが充満している土壌の再生、そのための緑肥の導入……と、こうと思った栽培方法を検証しながら、確かな技術転換に努めてきています。従前作っていたベニアズマは、無肥料無農薬栽培では上手に作ろうとしても色は悪く形が崩れ、とても売り物にはなりません。ですから拷問農業ならタマユタカしかないことになり、タマユタカなら干しいも以外は不向きということになってきます。

消費者に喜んでいただける干しいもを作り、個人ブランド力を高めて産地ブランド力の向上につなげ、同時に不耕作地も解消できるというおまけ付き。風評被害で学んだ照沼さんの貴重な経験です。

## 八、六〇ヘクタールで照沼流自然農業を確立

照沼さんは平成十六年から土壌消毒を中止していますが、このきっかけに触れなければなりません。平成六年六月に松本サリン事件が発生しました。サリンは猛毒ですから、日本人は薬品臭に過敏になりました。当時の土壌消毒剤はクロールピクリンやドロクロールが主流で強い刺激臭がありました。

春先の暖かい日に消毒作業をすると薬剤が気化して、農地に隣接した住宅地に漂い苦情が殺到しました。照沼さんは対応に苦慮してきましたが、ガスを直に吸いながら消毒作業する社員の健康が心配でした。そして忌

まわしい臨界事故の衝撃です。

照沼さんはこれで決断、土壌消毒は絶対にやらない！　除草剤の使用も土壌消毒の中止に合わせて止めました。一般の病虫害にも化学合成農薬は一切使わないことにしたわけです。代替防除は食酢や微生物資材で行っています。徹底して安全な原料サツマイモを作るにはこれしかない、との信念です。

現在、耕作放棄地の借り受け面積は六〇ヘクタールに及び、それが二二〇か所に分散しています。すべての借地は住宅に近接、堆肥の臭いなどで「農業は公害」とそしられる中で農作業をしています。後から住宅が来たのにいい気なものです、まったく（筆者の声）、などと照沼さんはぼやかず、改善に奔走しています。

除草剤を止めてから畑はサツマイモと雑草の大共演。全圃場で年四回、手作業で除草しています。土壌消毒中止の影響は、コムギの畝間栽培や完熟堆肥などの投入で対処しています。しかし二二〇か所の分散農地で行う手作業は容易ではありません。延べ二四〇ヘクタールです。気が遠くなるような手間と費用が掛かります。

指導機関を含め皆さんが忠告してくれるとおり、土壌消毒をやらない堆肥中心のサツマイモ栽培は困難の連続で、さすがのタマユタカでも収量はガタ減りです。一〇アール当たり二トンは欲しいところ平均九〇〇キログラムですから、大きく経営を圧迫しています。照沼流自然農業を始めた当初は二割まで落ち込んだそうですから、それでも自然農業に近づく努力の甲斐あって回復の兆しは見えています。土も健康を取戻し始め、照沼さんの努力に応えようとしています。

照沼さんは、人の口に入れられるもの以外は絶対土に入れないと誓って

写真９－６　除草剤を使わず土壌消毒をしない照沼さんのサツマイモ畑（９月）、雑草との戦い（写真提供：照沼勝浩さん）

います。苦しい経営はまだ続きそうです。それでもブレないで照沼流自然農法の完成に取り組んでいます。

## 九、口に入るもの以外土に入れない宣言で『地産地工地食』を実践

筆者が微生物農法（有効な土壌微生物の力を借りて行う持続可能な安全多収穫農業）の実証フィールドと決めている茨城県牛久市の高松求さん（拙著『農業をやろうよ』東洋出版　二〇〇六年、で高松農法を紹介）が照沼さんとの接点を作ってくださいました。土壌消毒をしない増収技術を直伝したこと、土壌微生物を回復させて健康な土をつくり、安全な干しいも生産を大規模に手掛けていることなど、研究熱心な照沼さんの情報をくださいました。

その後高松農場で照沼さんとお会いする機会も増え、持続可能な安全多収穫農業について話し合い、持続的な有機農業を求める彼の姿勢、経営的に成功させようとしている気概に感服しました。

食をプロデュースする匠なら照沼さんを紹介しようと決めるのに時間はいりませんでした。そして訪問取材を重ねました。

照沼さんと筆者が共有できる内容はいくつもあります。主だったところは、昭和三十年代から始まった政府主導の近代化農業技術はとっくに破綻しているという認識、なぜ持続性のある自然農業、つまり伝統農法の正当性に立った科学的農業に回帰しないのかという懸念です。さらには自然環境を破壊し、農村と農業を壊し、技術として破綻してしまっている事実に向き合う農業人としての謙虚な姿勢です。

近代化農業技術とは、化学合成農薬と化学肥料、合成ホルモン剤等を大量に使わないと安定生産が維持できない技術、おぞましい無機化学に取り込まれた不可思議な技術のことです。平成二十二年に宮崎県で猛威を振

るった牛や豚の口蹄疫、波状的に襲ってくる鳥インフルエンザ、どれも根は一緒のような気がします。
どれもこれも人間の傲慢と強欲と近代化技術への盲信が形になったものでしょう。そう考えると、伝統的で自然の恵み一杯の農産物や農産加工食品を大切にすることの重要さが分かってきます。

筆者は「地産地工地食」を造語して食と農の重要さを唱えています。「地産」とは、地域の気候風土で無理なく農産物を生産すること、「地工」とは、それを地域の人々と地域産業の力で加工し付加価値を付けること、「地食」とは、地域の人々がそれを感謝して食し、次に食文化として地域を超えて広めるという考え方です。食はグローバル化には向きませんし、民族や地域固有の食文化を大切にすれば人のこころは穏やかになるでしょう。

照沼さんは「地産地工地食」の実践者です。しかも、人の口に入れられるもの以外は絶対土に入れないという誓いを立て、一途に実行しています。

照沼さんの行動はそれだけに止まらず、平成二十二年秋には仲間を誘い「地産地工地食」の宣伝普及とも見える「ほしいも学校」という真剣で愉快な活動を開始しました。プロデューサーはグラフィックデザイナーの佐藤卓さんです。学校では干しいも百科の教科書を発行し、キラキラ星いも……と歌う校歌も用意しています。おそらく学校給食は干しいもをベースに開発した新商品の数々に相違ありません。

## 一〇、徹底した高度分析で土壌や作物を初めて理解

ドラマの仕舞に照沼さんらしい徹底した分析事業を紹介しましょう。一般に土壌分析は指導機関や農協、肥料会社などがサービスで行うことが多いです。照沼さんは、このレベルの分析では土壌やサツマイモの本当の

姿が見えてこないと考えて、専門エンジニアリング会社の高度分析を導入しています。一検体に五万円の費用がいるそうですから驚きます。

分析は土壌にとどまらず堆肥分析、作物体分析、作物体栄養分析におよび、従来の分析では扱わないところを明らかにしています。作物に必要な成分も必要量を超えて与えてはならないこと、土壌に悪いものや余計な成分を入れてはならないことを、データを確認し科学的に理解できたそうです。筆者はこの科学性こそ「地産地工地食」を支えるに相応しい基本アイテムと見ています。

こうした不断の努力を重ねて新時代を生きる二代目の照沼勝一商店は、伝統の干しいも文化を地域で承継したい思いから、初代が力を入れていた近隣農家の干しいもを仕入れる産地卸業も生かし、人の口に入れられるもの以外は絶対畑に入れない「拷問農業」を展開して、年間二〇〇トン余を取り扱う干しいも専門企業に育っています。

**【参考文献】**

先﨑千尋『ほしいも百年百話』茨城新聞社　二〇一〇年
後藤芳宏ほか『最新農業技術　作物vol.1　―低コスト省力で拓く水田活用新時代―省耕起・直播緑肥、ナタネ・雑穀ほか』社団法人農山漁村文化協会 二〇〇九年
『野菜園芸大百科　第2版　12サツマイモ・ジャガイモ』　社団法人農山漁村文化協会編　二〇〇四年
『ほしいも学校』有限責任事業組合ほしいも学校編　二〇一〇年

# 第10章

## 有田ミカン六次産業化による農業活性化への挑戦
### ——有田ミカン農家における企業農業への変革——

秋竹　新吾

### 一、株式会社早和果樹園　経営理念

「早和果樹園は農の生産を基とし、歴史ある食文化に、さらなる発展を期し、お客様に満足を提供する。我々は夢ある仕事を通じ、やり甲斐ある人生達成のため、誠意と努力、責任をもって、日々、自己研鑽を行う。地域社会に貢献する早和果樹園として永遠の発展を目指す」。

農産物価格の低迷による、農家所得の不安定さ、後継者不足、担い手の高齢化等が大きな課題になっています。日本一のミカン産地で、ミカンの生産・加工・流通販売に取り組む株式会社早和果樹園は右記の経営理念で、みかん農業の活性化に取り組んでいます。

昭和五十四年にミカン農家七軒で創業した早和共撰が会社の母体で、平成十二年に有限会社で法人化し十七年に株式会社になり、現在、資本金六、〇〇〇万円、従業員三五名です。法人化後、加工販売を始めて以降、

毎年大幅に売上げを伸ばしています。販路も全国的となり、香港、シンガポールなど海外へも拡げています。今後、世界へ有田ミカンを出していこうと、看板には「にっぽんのおいしいみかんにあいましょう」。

## 二、有田ミカンの歴史と自然

一五七四年、現在の有田市糸我で伊藤孫右衛門が、一本のミカンの木を植えて四三〇年もの歴史のある大産地、有田。現在、和歌山県は日本一のミカンの生産量を誇る産地ですが、その大半を占めるのが有田地方で生産される、「有田ミカン」です。甘さが強く濃厚な味で、ミカン好きの日本人を「有田ミカンはうまい！」とうならせている産地です。

写真10－1　新加工場

霊峰高野山を源とする有田川。両岸の急峻な山に、石垣できれいに築かれたミカン畑があり、山のてっぺんまで拓かれています。山に登るとすぐそこに紀伊水道の海が見えます。平均気温一六度、温暖な気候で瀬戸内海気候特有の雨の少ない特異地です。

急傾斜の山肌で日照良く、排水も良く、美味しいミカンができる条件が揃っています。全国のミカン産地をよく知る、東京の市場の担当者に「御地はミカンの産地としては超一流」という言葉を何度も聞きました。確かに作業がしにくく、非効率なミカン畑ですが、できるミカンは皮が薄く、フクロがとろけるようで、紅が濃い色をしています。また、糖度が高く、まろやかな酸っぱさがあり、コクというべきか濃厚なうまさがあります。この地の利があるから、「ミカン危機」を乗り越え、日本一のミカン産地が続いているのでしょう。

写真10－2　ミカン畑

私が就農した昭和三十年代はミカンの黄金時代でした。代々続くミカン農家に生まれたので、当然のように全国唯一のミカン学科、県立吉備高校「柑橘科」でミカンの基本を勉強、卒業後すぐに就農しました。ミカン農家の長男はみんなそうしたので迷うことはありませんでした。

ところが、五年後、大暴落の憂き目にあいました。国の「果樹振興特別措置法」で、「増やせよミカン」となったのです。パイロット事業で全国的にミカンの増産が始まりました。一〇〇万トンだったミカンが三六〇万トンに、まさに「ミカンの洪水」です。生産過剰での価格の暴落でした。この「ミカン危機」で後継者はバッタリ少なくなり、兼業化が進んでいきました。

就農した頃は、うらやましがられたミカン農業も、収入が少なくなり「このまま続けて良いのかな」と思い悩む毎日の農作業でした。周りの農家は日銭を稼ぐため、県内の企業や建設現場へ「ヘルメット」をかぶってアルバイトに出かけるようになりました。後継者がいない、「自分の時代でミカン作りも終わりだ」と感じる親父達と話が合わなくなり、それまで加入していた地域の共撰を脱退しました。ミカン栽培の研究仲間であり、同世代の七人で「量ではなく、品質、特に美味しさで勝負しよう」と新しい組織「早和共撰」を立ち上げました。まさに、「ミカン洪水の時」でした。

## 三、新しく立ち上げた共撰（きょうせん）時代の取組み

地域の共撰を脱退して若者だけで立ち上げた、地域ではもう一つの共撰には田舎特有の視線も感じました。

地元農協に行くと「今年、一番の話題の人」と言われ、いろんなことを言われているのだろうなと痛い思いをしたものです。

販売は市場出荷ですが、市場側も「名もない、お客さんもない、ロットも少ない」早和共撰は非常に扱いづらそうでした。何しろ、市場にはミカンが溢れているのですから。しかし、七人の若さとミカンにかける思いだけは評価してくれました。早生ミカンの完熟、ハウスミカンと美味しいミカンを作る取組みに集中しました。ハウスミカンは大きな投資と、露地栽培に比べると丁寧な管理が必要となり、七倍くらいの手間がかかり、常に目を離すことができない栽培法なので、専業でないと取り組めません。我々には打って付けの取り組みでした。

ハウスミカンの栽培技術がどんどん進んでいたある年、五月中旬に全国でも一番早く出荷しました。大手新聞各社、テレビなどマスコミが揃って報道してくれ、和歌山市場で一キログラム、六、四〇〇円というすごい価格が出たのです。私の生涯ミカン最高値です。何しろ、二Lサイズのミカン一個が一、〇〇〇円の卸値です。

露地ミカンの不安定さに比べ、安定部門を持てたことで、七戸のメンバーに四名の後継者が生まれました。「賃稼ぎには絶対行くまい、行けば自分の人生の意味がなくなる」。その思いが実証されたと感じました。共撰の運営も順調に進み、積極的に進めた美味しいミカンの取組みも市場に評価され、また、地元にも認められるようになりました。「一億売ってハワイへ行こう」とスローガンを事務所にベタベタ貼り、平成四年に七戸の夫婦全員でのハワイ旅行が実現しました。目標を持ち、同じ苦労をしてきた仲間全員でハワイの休日を楽しめたことに、達成した充実感と幸せを味わいました。

しかし後継者も生まれ、次の世代はこの小さな共撰では特徴が発揮できません。

もっとよい方法が、と迷い模索していたところに、農業の法人化ということを知り、「我々のスタイルに合う」と直感しました。後継者達も賛同し、きちんとした組織で、きちんとした経営で「夢の描ける農業」をやろうと、平成十二年早和共撰を発展的解消し、「有限会社　早和果樹園」を設立しました。同じ七戸の農家夫婦と後継者の一六名が三五〇万円の資本金と農地を出し合い、出発したのです。

## 四、夢を描く農業法人化

個人の農家ではなく、会社にして組織で動くという観点に変わったことで、みんなの気持ちが大きく変わりました。「一人の農家では手も足も出ないことでもみんなでやればできる」と積極的な大胆な発想や意見が出て、みんな前向きになりました。

組織体制が固まり、共撰発足後そのまま二〇年続けてきていた、狭い小さな撰果場では新たな取組みもできないので、法人対象の国の補助事業で、当時、有田ミカンでは先進的な光センサー撰果機を導入、撰果場を新築しました。設備投資を生かすため近隣の美味しいミカンを栽培できる農家のミカンも集めて出荷することにしました。

写真10－3　７農家のメンバー（右端が筆者）

考えることも前向きで翌年、ミカンの加工に入ろうということになり、専門の本を読み、加工研究所、加工会社等を訪問し、猛烈に勉強しました。けれども、「ブラジルやカルフォルニアなど、桁違いの大きな産地の安いオレンジジュースとは生産効率のレベルが違う、日本で搾っただけで損するよ」と真っ向からの反対にあいました。その言葉に「シュン」として見学先から帰ったこともありました。

しかしその時、止めなかったことで、今があります。生産者としての経験から高糖度ミカンだけを搾れば、市場に出ているジュースとは美味しさに格段の違いがあることを知っていたのです。「味一ミカンを搾ろう！」。味一ミカンは県ＪＡのブランドミカン、全生産量の数パーセントしかない超高級ミカンブランドです。でも早和果樹園にはそれを栽培する自信がありました。

搾り方はこれも珍しい、皮を剥いて裏ごしする方法です。この方法だとコストが大幅にかかりますが、美味しい果汁になること、県内の缶詰工場にこのラインがあることを知って搾汁を委託することになりました。自社で栽培し、光センサーで特別美味しいミカンを選び抜き、それをトラックで運び込み搾ってもらいました。

有名ホテルの料理長に「三十数年、数々の食材に関わってきたが、これだけのジュースを飲んだのは初めて」と絶賛され、美味しさに抜群の自信を持ちました。

写真10－4　有田ミカンのブランド「味一ミカン」

搾汁は外注しますが、ビン・充填等自社に加工場が必要です。保健所に指導してもらい、古い倉庫を改造して、加工設備を導入することにしました。

撰果機導入、撰果場建設の翌年だけにお金がありません。そんな無鉄砲な状態で加工に入ることになったのです。しかし、前を向いていると助けの神が現れます。農業法人を資金の面で支援する法人、アグリビジネス投資育成株式会社からの出資を受け、社員の増資と合わせて資本金三、〇〇〇万円にし、加工に取り組む原資としました。

自分たちも認めるおいしいジュースの出来上がりです。早速、長年のつきあいの東京築地の市場へ。販売の手助けをしてくれると思い持っていったのですが、「ここは青果市場、生のミカンや野菜が欲しい人が集まるところ」と素っ気ない返事です。おいしいジュースができましたが販売先がありません。

しかし、ちょうどその年から和歌山県が東京有楽町にアンテナショップを開店しました。また、当時、農林金融公庫（現在の日本政策金融公庫）が全国の農業生産者を集め、商談会を始めた時期でもありました。デフレから脱却し、消費は「本物・こだわり・差別化・健康」など、少し高くても良いものを求める風潮の時期となっていたのです。

東京ビックサイトの大型商談会も当初から出展し、バイヤーに自社の製品を思いきりPRしました。その効果は抜群で東京で販路が拡がっていきました。「私のお店で味一しぼりを販売させて欲しい」と電話があり、会社にいるだけで販路が拡がっていくのです。この商談会出展を自社の良い販路開拓と位置づけ、東京や大阪、和歌山でも年間五〜六回、毎年出展を続けています。

やがて、大手有名百貨店や高級スーパー、こだわりのお店に扱ってもらうことができるようになりました。世界一の高級ホテルといわれる「ザ・ペニンシュラ東京」の客室冷蔵庫にも採用されました。

その後も、「飲んでもらわなくてはわかってもらえない」と社員全員で試飲販売に奔走しました。地元白浜温泉の大型土産店、高速道路のサービスエリアから発信、また有名百貨店、高級スーパー等、東京・大阪など都会へも積極的に出て飲んでもらって、納得の上で買っていただきます。お客様の「ミカンだー、めっちゃおいしい！」の感嘆の声、アクションを目の当たりにして、嬉しさで感動しました。

写真10－5　味一しぼり

現在も年間三〇万人を超えるお客様と社員が直接対面して販売しています。

このお客様と直接向かい合っていることで、消費者目線を確実にキャッチしているのでしょう、毎年新商品を出し続けていますが、それぞれ売れていて外れがありません。

そうした活動が顧客を増やすことにもなり、ＤＭ、インターネット販売の取組みとなり、最終段階であるお客様との繋がりが多くなってきているのです。

販路が拡がるにつけ、自社生産のミカンだけでは足りず、現在では有田地域の「有田ミカン」二三〇名の生産者と契約し、原料を調達するようになりました。

我々がしっかり販路を広げ、販売することにより多数のミカン生産者のために役立ち、地域貢献になるのだという意識を強くもって取り組んでいます。

## 五、ミカン栽培も農家から組織の農業へ

加工の売上げが順調に伸び会社らしくなってきていますが、我々はみかんの生産者です。早和果樹園に求められているのは「特別美味しいミカン」。このことがお客様と直接ふれあうことが多くなったことで、ビンビンと感じます。

「とことん美味しいミカンを生産することが我々の基本だ」、と事ある毎に社員と確かめ合っています。ミカンの皮は薄く紅が濃く、フクロがとろけるように薄くて、果汁の糖度一四度以上で酸が一パーセント未満。そしてきれいで柔らかく弾力性がある、そんなミカンを毎年収穫することが、我々の究極のミカン生産です。

会社になってからもそれぞれ個人の農家でミカン栽培を行ってきましたが、加工や販売に人が必要となり、個々の農家で栽培するよりは、組織で計画的に栽培を行い、雇用労働で行う方がより効率的である、コスト管

写真10－6　有田ミカンに特化した加工商品群

理も明確にできる、ということがわかり、個々の農家をやめて組織で農業をすることに決めました。代々、長年にわたり、農家で経営をしてきているので、ここでは大きな抵抗がありました。しかし、変化していく方向を理解できる者が多くなり、若い後継者達もその方向に「夢を描ける」段階にきていたこともラッキーでした。

栽培については、ハウスミカンで美味しいミカンを作る方法は身に付いています。ミカンの年間生育ステージの中で、適期に「水分ストレス」を与えることにより美味しいミカンを作ることができるので、ミカンの木に水分を吸わせることを調整するマルチ栽培を積極的に取り入れています。

最近ではさらに進化した「マルドリ方式」を導入しました。これは、マルチシートと点滴潅水を組み合わせた最新の全天候型「美味しいミカン栽培技術」で、最適な水分と液体肥料で養分管理を行い、天候により左右されやすいミカンの味を安定的に栽培できる方法です。これらの技術も手間がかかり、細かなコントロールが命の、専門的に取り組む必要があるミカン栽培です。早和果樹園では味にこだわる方法として今後も拡大したいと考えています（当初、マルドリ方式は、独立行政法人、近畿中国四国農業研究センターの指導により、有田での実証園として取り組みました）。

## 六、食の安全・安心

「日本人はミカン好き」、という言葉を何回か聞きました。ジュースやミカンの加工品を販売していて、です。美味しいミカンには「すごい、ミカンだー！」と感動してくださいます。長年愛されてきたこの食文化をさらに発展させたいと思っています。

ミカンには健康に役立つ機能成分がたくさん含まれています。ミカンの代名詞、ビタミンＣ（二〇〇グラム中、七〇ミリグラム）をはじめ、大腸ガンに対する発ガン抑制効果が報告されました。β－クリプトキサンチン、カロテン、クエン酸等です。

生産面でも必要のない肥料や農薬はできるだけ使いません。極力減らす取組みも行っています。食べてくださる方にはもちろん、農作業に取り組む我々のためにもです。

法人化して組織農業になって一〇年経つこの節目に、次のステップとして新しい加工場を新築しました。第一に考えたことは拡がる商品の安全性を保つことでした。和歌山県食品衛生管理施設認証（知事認証）を取得しました。今年ＨＡＣＣＰ認証を受ける準備を食品衛生コンサルタントの指導で取り組んでいます。効率化と共に安全・安心を担保し、ステップアップしたいという考えの下に進んでいます。

写真10－7　食品衛生管理を重視した加工場

## 七、現状の課題と将来の展望

私の同年代のミカン栽培者も後継者がいない人が多く、農業をやめる直前の人達ばかりです。何とかこの歴史あるミカン産地を維持したいと考えています。ミカン農家が減っていく中で、良い園地だけでも維持し、採算に合う方法はないだろうかと考えているところです。

今まではミカンを作ることも、お金の勘定も「どんぶり勘定」でした。それで、結局やめざるをえないことになっています。

「コスト計算と価格を自分でつける」、この重要なことができれば採算に合う農業が実現します。並大抵ではないと思いますが、「特別美味しいミカンには感動してくれる日本人がいる、海外でも評価される」、「作る技術がある」、「農業外の若い人も参入してくれる」こともわかりました。後は緻密な計算と実行のみです。

今、この考えを後押ししてくれる「クラウドを利用した、ＩＣＴ農業」というハイテクの取り組みも間近になっています。

「これが実現すれば……」と、夢を描き、「ワクワク・ドキドキ」している筆者です。

若者達と早和果樹園を成長させ、産地全体の活力に寄与したいと考えています。

写真10－8　早和果樹園従業員
（前列中央が筆者）

# 第11章 オーガニック茶にこだわるビオ・ファーム物語

松崎　俊一

## はじめに

「ビオ・ファームって、どんな野菜を作ってるの？」

よく受けるのが、この質問です。

「主に、お茶を作っていますよ」と答えると、「えっ？」と、怪訝な顔をされることもあります。どうも、「ファーム」という言葉の語感が、野菜（ベジタブル）という言葉を連想させるようです。

中国・唐の『茶経』という書物の冒頭に「茶は南方の嘉木（かぼく）なり」という一節があります。お茶と人類との付き合いは古く、この書物が書かれた八世紀ごろには、人々に重宝される飲料となっていたことがわかります。

また、お茶は古い時代には、体によい食品、いわば薬に近いものとして扱われていたようです。ところが時代が下るにつれて、その高い香りと豊かな味わいが人々の心を捉え、次第に嗜好品として受け入れられるように

写真 11 − 1　鹿児島の表玄関・鹿児島中央駅

なったようです。日本では奈良時代にすでに宮中で飲まれていたという記録もあります。しかし、本格的に栽培が始まったのは、僧・栄西が中国から茶の種と茶文化を持ち帰り（一一九一年）、各地に伝えて以降のこととされています。お茶は、先人たちが私たちに残してくれた貴重な文化飲料なのです。私たちは、心身両面を健全に保ってくれる、この「嘉(よ)き贈り物」を、よりおいしく、しかもより安全に栽培・製造し、多くのお客様にお届けすることを第一の使命だと考えています。

　ところで、わが農場の名称「ビオ・ファーム」は、ドイツ語と英語をジョイントさせた造語です。「ビオ」は「ＢＩＯ」。ドイツ語で、一般に「有機栽培」を意味する言葉です。ファーム（farm）は、もちろん英語で農場のこと。つまり、有機栽培にこだわる農場、という意味合いのネーミングが、「ビオ・ファーム」なのです。

## 一、安心・安全で、おいしいお茶を作ろう

　私たちがビオ・ファームを設立したのは、一九九六（平成八）年のことです。

当初、ビオ・ファームは、親会社である株式会社下堂園(しもどうぞの)が、自社の付属農場というかたちで発足させることになっていました。ですから、「株式会社下堂園・川辺農場」という名称でスタートさせることになっていたのです。ところが、「株式会社は農地を所有できない」という農地法の規定があることがわかり、「農業生産法人　有限会社ビオ・ファーム」として誕生したのでした。

株式会社下堂園は、お茶の製造販売に従事する、鹿児島の産地問屋です。茶問屋はお茶を生産者から買って、売る。栽培したり、製茶を行ったりするのは生産者に任せる。これが、お茶の業界の「常識」です。そのお茶屋が農場を持ち、しかも、専門の茶農家でさえ敬遠する有機栽培に取り組もうというのですから、周囲からはあまり芳しい評価を得られませんでした。それでも、社長・下堂薗豊（しもどうぞのゆたか）は、自社農場の取得に踏み切ったのでした。

株式会社下堂園は、かなり以前から鹿児島県内の茶農家さん四〇軒くらいを系列化して、栽培から製造まで、あらゆる情報を共有しながら、「消費者の好みに合ったお茶作り」を推進していました。一九八〇年代の終わりごろからは、その中の数人の有志と一緒になって有機栽培のお茶作りに取り組み始めてもいました。有機栽培の野菜などは以前から市場に出てきていましたが、お茶についても「安心・安全」を第一の価値とする有機栽培のものが少しずつ求められるようになってきた時代だったのです。

**写真11－2　ビオ・ファームの入口**
表示板の左側はすべて有機栽培茶園。茶園の中に林立しているのが防霜ファン

また、一九九二年に株式会社下堂園はドイツへお茶の輸出を開始しました。ところが、ドイツは残留農薬の基準が厳しく、取引先からオーガニックの認証を取得するよう求められました。そして、一九九五年に「EU基準のオーガニック認証」を取得するに至ります。しかし、EUのオーガニック認証基準は、全園のオーガニック栽培を要求します。ただでさえ、有機栽培では、病害虫の被害が出やすいのです。「全園のオーガニック化」というのは、なかなか実行に踏み切れるものではありません。

茶園売却の話が下堂薗豊社長のところに舞い込んだのは、そうした矢先でした。豊社長は、「安心・安全で、おいしいお茶を、できるだけ多くのお客様に提供したい。そのためには、自前のオーガニック茶園を持ち、自分たちですべてを管理するべきではないか。栽培や製茶は、これまで培ってきた有機栽培のノウハウで、十分にやっていける」と考えました。茶園の面積は約五・五ヘクタール（取得当時）。しかも、飛び地ではなく、五・五ヘクタールが一か所にまとまっており、付属の製茶工場もありました。全園をオーガニックに転換するには、もってこいの立地条件なのです。ヨーロッパへの輸出を継続していくためにも、また、徐々に増えてきていた国内の有機栽培茶の需要に対応するためにも、この農場は必要になる。豊社長は、そう考えたのです。そして、一九九六年二月、農場を取得し、「農業生産法人　有限会社ビオ・ファーム」を立ち上げたのでした。

## 二、盆地の町の多品種茶園

さて、ビオ・ファームがあるのは、鹿児島県南九州市川辺町（かわなべちょう）。鹿児島市の市街地から南南西へ約三〇キロメートル、薩摩半島の中央部に位置する盆地の町です。農場は、この盆地の北側に広がる、鳴野原（なきのはら）というシラス台地の上にあります（標高約一〇〇メートル）。この台地の北側には三〇〇〜四〇〇メートル級の

表11－1　ビオ・ファームの沿革

| | |
|---|---|
| 平成8（1996）年2月 | 茶園管理を開始。 |
| 平成9（1997）年10月 | 256aを有機栽培に転換。 |
| 平成10（1998）年3月 | 303aを有機栽培に転換。EU基準のオーガニック認証を取得（1月） |
| 平成11（1999）年3月 | ゆたかみどり（50a）を定植。有機転換は翌年。 |
| 平成13（2001）年3月 | ゆたかみどり（40a）、あさのか（31a）を定植。同年、有機栽培に転換。 |
| 平成13（2001）年5月 | 有機JAS認証を取得。 |
| 平成14（2002）年3月 | べにふうき（15a）を定植。 |
| 平成14（2002）年8月 | 紅茶の製造に着手。 |
| 平成15（2003）年8月 | ウーロン茶の製造に着手。 |
| 平成19（2007）年3月 | べにふうき（27a）を定植。アメリカ基準のオーガニック認証（NOP）を取得（6月） |

写真11－3　桜島
（市街地西部にある城山から撮影）

山が連なっており、冬には冷たい季節風が吹き降りてきます。鹿児島県でもかなり南に位置しながら、冷涼な土地柄であるため、霜害への対策は欠かせません。そのために重要な役割を果たしてくれるのが防霜ファンです。この防霜ファン（扇風機）は地表から約七メートルのところに設置されていますが、このあたりの空気の層は地表部や茶樹の表面（高さ八〇～一〇〇センチメートル）より三～五度くらい温度が高いとされています（「逆転層」といいます）。防霜ファンはこの温かい空気を吹きおろして、茶の芽が霜害に遭うのを防ぐ施設なのです（ちなみに、防霜ファンは有機栽培の茶園だけでなく、慣行栽培の茶園でも、霜害が懸念されるところではほとんど設置されています。霜対策としては、防霜ファンのほかスプリンクラーによる散水もあります）。

ところで、ビオ・ファームの栽培品目はお茶が主体ですが（七・五ヘクタール）、そのほか、サツマイモ（六〇アール）、ショウガ（一三アール）、ハーブ（一〇アール）を育てています（二〇一〇年八月現在）。お茶の品種は、在来種を含めて一〇品種。ゆたかみどりという早生種からスタートして、やぶきた（中間種）、……さやまみどり（晩生種）、在来種の順で、茶時期ごとに約二〇日くらい掛けて摘んでいきます。このように多様な品種を持っていることの利点は、摘採時期が集中するのを防止できることです。

緑茶は、葉を摘み取ったら、時間をあまり置かずに製茶をしなくてはいけま

写真11－4　茶摘みは乗用摘採機で行う

せん。それは、緑茶が新鮮な香味を求められるため、できるだけ早急に「殺青（さっせい）」を行う必要があるからです。殺青というのは、茶葉を加熱（蒸す、炒る）して、それに含まれる酸化酵素の働きを止めることです。そのまま放置すれば、茶葉が傷んで、緑茶としての価値を減じてしまいます。そこでお茶の生産者は、摘み取った生葉を、個人あるいは共同で所有する製茶工場に運び込んで製茶を行うわけです。ビオ・ファームは一二〇K型の緑茶製茶ラインを所有していますが、一日の処理能力はさほど大きくありません。そこで、同じ時期に製造が集中しないよう、摘採時期の異なる品種の茶を植えているわけです。七・五ヘクタールの茶園で収穫される生葉を、適正な品質を保持しながら製茶できるのは、この品種の多様さによっているのです。

写真11－5　スタッフ全員で除草作業

現在、農場スタッフは、常時五名。最も若いスタッフが二十五歳、最高齢は八十歳です。血縁はないのですが、おじいさん、おばあさん、親父、孫二人といった「家族」構成で、和気藹々（あいあい）と農作業にいそしんでいます。また、四月半ばくらいからのお茶の季節（摘採、製茶を行う時期）になると、製茶工場に二人、農場に二人ずつ、計四人が援軍として加わります。製茶工場の二人は株式会社下堂園から、農場の二人は南九州市のシルバー人材センターからの派遣スタッフです。毎年、作業に慣れた、ほぼ同じメンバーがきてくれるので、仕事が渋滞するようなことはまったくありません。

先に記したとおり、ビオ・ファームで摘採・製造されたお茶（「荒茶」といいます）は、株式会社下堂園で再製加工されたあと、約二分の一（約一〇トン／年間）はドイツへ出荷され、残りが国内で販売されています。近年、欧米でも日本の緑茶が飲まれるようになってきています。これは、「わびさび」といった和文化への関

写真11－6　KEIKOブランドのお茶のパッケージ

心の高まりが背景にあることも確かですが、香味の豊かさ、ヘルシー性、そして鮮やかなグリーンの水色（すいしょく）（浸出液の色）といった緑茶独特の魅力が欧米の消費者の心を捉えたものだとも思われます。

ところで、株式会社下堂園からドイツへ出荷されたお茶は、現地の関連会社Shimodozono International GmbHを通じてヨーロッパ諸国へ販売されています。ブランド名は「ＫＥＩＫＯ」（恵子）。一九九九年、ドイツの商品検査雑誌『ＴＥＳＴ』（二月号）が、緑茶（中国のものを含む）の残留農薬の検出結果を掲載した際、「ＫＥＩＫＯ」は「keine」（検出されない）のお茶として紹介されました。この記事はこのブランドの安全性をドイツだけでなく、ＥＵ圏の消費者にアピールし、販売力の強化に役立ってくれました。

表11－2　ビオ・ファームの茶品種

| 品種 | 面積 | 品種 | 面積 |
|---|---|---|---|
| やぶきた | 165a | CA278 | 17a |
| ゆたかみどり | 126a | さやまみどり | 16a |
| はつもみじ | 62a | 在来 | 256a |
| するがわせ | 41a | べにふうき | 42a |
| あさのか | 31a | ゆめかおり | 15a |

表11－3　ビオ・ファームの製茶工場

・緑茶ライン；120K1ライン
生葉（なまは）コンテナ～蒸機（むしき）・炒蒸機（いりむしき）～葉打機（はうちき）～粗揉機（そじゅうき）～揉捻機（じゅうねんき）～中揉（なかも）み機～中揉機（ちゅうじゅうき）～精揉機（せいじゅうき）～乾燥機

・紅茶、烏龍茶製造関連の機械
萎凋棚（いちょうだな）、攪拌機、殺青機（烏龍茶用）、締め炒り機（烏龍茶、釜炒り茶用）、揉捻機（15K、60K）、乾燥機（棚式）

今では、「ＫＥＩＫＯ」はオーガニック緑茶を代表するブランドの一つとなっています。

## 三、チャレンジ・ザ・オーガニック(Challenge the Organic)⁉

今でこそ、「私たちはオーガニック（有機）栽培で圃場を管理しています」と、自信を持って言うことができます。しかし、農場を取得して有機栽培に転換してから四、五年くらいは、人さまに「胸を張って」ご覧いただけるような茶園ではありませんでした。

取得して間もないころ、茶樹の幹に「クワシロカイガラムシ」という害虫がびっしりとついて、茶園のあちこちには、葉のない、枯れかかった枝がぽつぽつと見えていました。また、親葉のいたるところにタンソ病がついて、茶色っぽくなっているのです。農薬などでしっかり防除をしている茶園は、深い緑色の葉におおわれているものなのですが、ビオ・ファームは緑色と茶色と灰色のモザイク状態になっていて、「美しさ」とか「豊かさ」といった形容詞からは程遠い茶園でした。まさにボロボロの茶園だったのです。

取得して半年経った秋口のころ、有機栽培をしている茶農家さんたちが、私たちの農場に訪ねて来られたことがありました。その中の一人が、「いつまで、この茶園はもつかねー」と言いました。またある一人からは「親会社（株式会社下堂園のことです）がしっかりしているから、いつ止めても許されるんじゃないの」と、からかい半分に言われる始末でした。そのころまでは、町のお茶屋が片手間に農業をやっているくらいにしか思われていませんでしたし、私たち自身、有機栽培で茶園を本当に維持できるかどうか、自信を持てずにいたことも確かです。

そんな状況の中でも、茶園管理の有機栽培化は着実に進めていきました。まず、農場を取得した年の翌年に、在来種二・五ヘクタールを有機に転換しました。そして、次の年には残りの品種すべてを有機茶園にしてしまいました。以後、慣行栽培に戻すこともなく、今日まで有機栽培を継続してきています。

しかし、有機栽培を始めて三年間くらいは、本当にいろいろなことが起こりました。その一つが病害虫。もう一つが収量の減少でした。

病害虫に関して言えば、クワシロカイガラムシ、タンソ病の害は相も変わらず出現しました。また、アブラムシ、カンザワハダニ、チャノホソガ（チャノサンカクハマキ）、チャノミドリヒメヨコバイ（チャノウンカ）、もち病、網もち病、輪班病、新梢枯死症など、ありとあらゆる病虫害に悩まされました。慣行栽培の茶園ではほとんど出ないといわれるミノムシやゴマフボクトウ（鉄砲虫）、チャドクガの被害も受けました。こうした病虫害に対しては、有機栽培で使用が許容されている、マシン油乳剤、ボルドー剤（銅水和剤）などの薬剤、ハマキ天敵、ＢＴ剤などを使用しました。また、これらの防除手段では対応できないチャノミドリヒメヨコバイに対しては、ムクロジの実と唐辛子のエキス（希釈したアルコールに漬けた液）を撒いたりもしました。しかし、その効果は目に見えるような形では現れませんでした。

また、収量が落ちたのも、大きな課題でした。一番茶は慣行栽培茶園とあまり変わらない収量があるのですが、二番茶以降は画然と減るのです。慣行農法を継続した初年度はまずまずの収量があったのですが、有機栽培に転換してからの二、三年間は、二番茶、三番茶の収量が三分の二近くに減りました。その原因は、病害虫で加害された影響もあることも確かでした。しかし、それ以上に、土壌自体の問題が大きかったように思われ

写真11－7　除草は有機栽培では重要な作業

ます。つまり、長期にわたる慣行農法の中で、土壌（あるいは土壌微生物）が有機質肥料を分解して、養分を茶樹に行き渡らせることができにくくなっていたのだと考えられるのです。

## 四、茶の木が有機栽培になじんできた

ところが、有機栽培を始めて四年目くらいから、少しずつですが、茶園の状態が落ち着いてきました。このような茶園の様子を見ながら、私たちは「茶の木が有機栽培になじんできたみたいだね」と語り合っていたものです。

まず、クワシロカイガラムシの害がほとんどなくなりました。クワシロカイガラムシがまったくいなくなってしまったというわけではありません。茶園中のどこかに潜んではいるのです。今でも、茶園で作業していると、茶の幹にこの虫が取り付いているのを見ることがあります。しかし、いつの間にか消えてしまいます。おそらくは蜂などがこの虫の幼虫に卵を産みつけるなどしているのだろうと思われます。つまり、クワシロカイガラムシに対しては、ほぼパーフェクトな天敵のシステムがこの茶園に出来上がっているのだろうと考えられるのです。ですから、この一〇年くらい、クワシロカイガラムシの防除をしたことはありません。

また、アブラムシ、カンザワハダニ、チャノホソガについては、有機栽培で許容される防除剤でその発生を抑えられるようになってきています。スタ

写真11－8　1番茶時期のすくすくと伸びた新芽。品種は「はつもみじ」

ッフ自身の観察や試験研究機関が出してくれるデータの活用によって、かなり効果的な防除時期を把握できるようになったためです。タンソ病は雨の多い、二番茶の時期（六月前後）によく発生しますが、被害が大きくならないうちに収穫するなど、摘採時期の調整によって、品質劣化や減収を防ぐように努めています。

ただ、チャノミドリヒメヨコバイに対しては、今のところ効果的な防除法を持っていないというのが実情です。こちらはタンソ病とは逆に雨の少ない時期に被害が発生します。チャノミドリヒメヨコバイは、新芽にしか加害しません。だから、虫の発生時期と芽の伸育時期がずれると、ほとんど被害は出ないのです。しかし、発生時期を予察したり、また芽の出る時期をこの害虫の発生時期に合わないようにコントロールしたりするのは、とても難しく、まさに至難の業なのです。

なお、農園周辺の生物多様性を図ることによって天敵を増やし、病害虫の発生を抑制することを目標とした、農林水産省の委託研究事業に、ビオ・ファームは参加しています。現在、畦畔部にアップルミントやソルゴーなどを植栽して、どのような有用な昆虫が棲みついて、茶園に入り込んできているかを調査中です。そこで得られた成果を踏まえながら、よりいっそう安定した有機栽培の技術を目指していきたいと考えています。

## 五、土壌づくりと茶樹の植物生理を考えた栽培管理

ビオ・ファームの施肥の大半は、菜種油粕、魚粉、豚の肉骨粉、パーム（ヤシ）油の粕、キーゼライト（天然硫酸苦土鉱石を精製した硫酸苦土肥料）を配合した肥料によっています。また、土壌微生物の活性化と夏季、秋季の干害を抑えるために、焼酎粕の発酵液の撒布を行っています。こうした施肥の管理で最も気を遣うのが、窒素量のバランスです。現在、年間の窒素量は、五〇～五五キログラム／一〇アールを目安としています。窒

写真11－9　炎天下での施肥作業はシンドイ

素量が減少しすぎるとお茶の味にパンチがなくなりますし、逆に多すぎると、タンソ病や冬季の赤やけ病の原因になってしまうのです。

また、ビオ・ファームでは、毎年、晩秋から冬場にかけて、カヤで敷草を行っています。しかし、収穫できるカヤの量に限界があるため、七・五ヘクタール全園に敷草を施すのは不可能です。そのため、現在のところ、幼木園と中刈園で敷草を実施しています。幼木園というのは、苗木を定植して四年生になるくらいまでの非常に若い茶園のことをいいます。中刈園というのは、お茶独特の更新法で、三、四年に一回、地上三〇～五〇センチメートルの、幹の太いところで剪除した茶園のことです。こうした茶園は、樹形が小さく、畝間の表土が露出します。そのため、蒸散が進んだり、外気の温度にさらされたり、また雑草が生えるのが早かったりするのです。

敷草用のカヤを刈って、干す作業、それを茶園に敷き込む作業。これらが、冬季のビオ・ファームのスタッフの大切な仕事となっています。そして、七月ごろに管理機で中耕（畝間の土壌を深さ一〇センチメートル前後、耕すこと）を行い、土に十分に漉き込みます。これによって、肥えた地味を維持しようというわけです。

敷草には、こうした効果のほか、茶樹に抵抗力がつく、害虫を駆除する天敵（クモ類、ハチ類、アリ類など）を増やす、といった効果もあるといわれています。

写真11－10　冬場は近くの草地で敷き草用のカヤ切り作業に追われる

## 六、ビオ・ファームの新たな試み

ビオ・ファームでは、お茶の有機栽培以外に、いくつかのことにチャレンジしています。

### （一）「木村農法」への取り組み

木村農法とは、青森のリンゴ農家、木村秋則氏が実践・提唱している農法で、無肥料・無農薬の「自然栽培」のことです。これに取組み始めたのは、二〇〇四年。私たちが昵懇(じっこん)にしている塩川恭子さん（食の学校・代表）のご紹介で木村さんと知り合ったのがきっかけで、この農法を茶園の一部で実施しました。

当初は、こんな農法で栽培ができるのだろうかとまさに半信半疑でした。施肥はやらない。お茶に必要な窒素は、畑の周囲に植えた大豆の根粒菌で固定された窒素分でまかなう。除草も、摘採前に、茶に混入しそうな雑草のみ行い、それ以外の草は放置する。もちろん、農薬は絶対にまかない。これは、私たちが持っている「栽培」の常識をまったく超えていました。とは言いながら、木村さんの農法はけっして非科学的なものではありませんでした。長年の自然観察のもとで培われた植物生理理論に裏打ちされているのです。

現在、私たちの農場では、約二〇アールの茶園で木村農法を実践しています。この農法で栽培されたお茶には、濃厚な旨味はあまりないものの、えぐみのない、すっきりとした爽快な味わいがあります。お茶は株式会社下堂園で再製加工され、「無肥料自然栽培茶」として販売されています。

（木村農法についてここで詳細に述べることはできませんが、興味のある方は、ぜひ『木村秋則と自然栽培の世界』『リンゴが教えてくれたこと』〈いずれも日本経済新聞出版社刊〉などの著書をご一読ください）

## （二）紅茶、ウーロン茶の製造

茶の葉には酸化酵素が含まれています。この酸化酵素の処理法によって、茶葉は緑茶〈不発酵茶〉にもなりますし、紅茶〈発酵茶〉、ウーロン茶〈半発酵茶〉にもなります。蒸す・炒るなど、加熱によって、この酸化酵素の働きを完全に止めて、茶葉の緑や新芽の爽やかな香りを残したのが緑茶です。一方、酸化酵素を十分に働かせ、香りと味のインパクトを高めたのが紅茶です。そして、ある程度、酸化酵素を働かせた後、芳香を生じさせたところで加熱して製造したものがウーロン茶なのです。

世界にはいろいろな作物があります。しかし、茶のように、それ自体の持つ成分によって香味が変成する作物はあまりないのではないかと思います。なにしろお茶は、同じ木から採れた葉が、酵素の処理によって三つに変わるのですから。私たちは、こうしたお茶の「変成」の仕方を、「お茶のパフォーマンス」ととらえました。そして、このパフォーマンスの妙を消費者の方々にも知ってもらい、楽しんでもらえればと思い、八年ほど前から、緑茶だけでなく、紅茶、ウーロン茶の製造を行っています。

ところで、紅茶、ウーロン茶の製造に取り組んだきっかけのひとつに、私たちの茶園に、はつもみじ〈紅茶品種〉、ＣＡ２７８〈紅緑品種〉がもともと植えられていたことも挙げられます。こうした品種は、摘採前に黒い紗で被覆してカテキンの含有率を抑制すれば、旨味を持つ、きちんとした緑茶になります。しかしこれらの品種は、やはり、紅茶やウーロン茶にしたほうが持ち味が活きることも確かです。そこで、需要に応じて、私たちは、はつもみじ、ＣＡ２７８、新規に植えたべにふうきを用いて、紅茶やウーロン茶を

写真11－11　紅茶づくりには欠かせない揉捻（じゅうねん）作業

製造しています。

（三）サツマイモ、ショウガ、ハーブなどの栽培

私たちの農場の元の持ち主は、焼酎会社の経営者でもありました。ですから、この農場の一部に焼酎原料用のサツマイモが植えられていたのです。しかし、私たちが農場を取得して二年くらいは、茶園の有機栽培化を進めるのに時間をとられ、こうした畑は放任に近い状態でした。年に数回、中耕を行って雑草を漉き込む程度で、何も栽培していなかったのです。

いくらか有機の茶園管理にも慣れ、時間的な余裕が生まれてきたため、三年目くらいからサツマイモの有機栽培をスタートしました。しかし、栽培の中心は茶園であって、イモの管理に時間をあまり割けないこと、また化学的農薬を使用できないことなどから、焼酎の原料になるようなサツマイモの栽培は困難でした。そこで、あまり手のかからないでんぷん用のイモの栽培を行うことにしました。葉は虫食い状態になるのですが、それでもある程度の収穫はできていて、その収益はビオ・ファームの経営に貢献しています。

また、一〇年ほど前から、「香りのお茶」が静かなブームになっています。ミントやショウガ、柚子など、香り系の植物と緑茶、紅茶をブレンドした、新感覚のお茶です。このようなトレンドに対応するため、「香りのお茶」の原料用として、ビオ・ファームでは、ショウガやハーブを有機栽培で育てています。これらは、株式会社下堂園の「ミント緑茶」や「ショウガ紅茶」の原料として使われていますが、ここ数年、多くのリピーターを獲得しているようです。ただ、せっかく有機栽培で育てても、ミントやショウガの乾燥を受け持ってくれる外注先が有機管理のできる乾燥工場ではないため、有機農産物加工食品として見なされません。この問題を解決するため、ビオ・ファーム内に有機管理できる独自の乾燥工場を設けることもプランニング中です。

そのほか、ビオ・ファームは、鹿児島県農業開発総合センター茶業部、独立行政法人野菜茶業研究所、鹿児島県立短期大学などとの、共同研究プロジェクトに積極的に参加しています。現在参画しているのは、「海外需要に対応した茶の無農薬栽培と香気安定発揚技術の確立」と「永年作物における農業の有用な生物の多様性を維持する栽培管理技術の開発」の二テーマ。いずれも、有機栽培茶園の特質を活かしながら、技術開発を進めることのできるプロジェクトだと考えています。

## おわりに――観察する力を養うことの大切さ

常にチャレンジする心を持ち続ける。これが、ビオ・ファームのモットーです。ビオ・ファームはこの二年間くらいの間に、約八〇アールの茶園と、約三〇アールのショウガ、ハーブの畑を増やす計画を持っています。これに対応して、作業スタッフを増やしたり、新たな農業機械の導入を図る必要も出てくると思われます。また、熟練の高齢者の農場スタッフにいつまで働いてもらえるのか、という問題も出てきています。農場の人材確保、機械の更新や新規導入をいかに進めていくかといった事柄は、私たちの喫緊の課題なのです。

ただ、こうしたことを推進する中で、単に新しい知識や技術を取り入れるだけではだめだという認識を、スタッフ全員で共有していきたいと考えています。ですから、おいしいお茶、香りのよい作物を今後とも作り続けるためには、経験者の知恵を学び、それを活かしながら、自分たちの農法を模索していかなくてはならない

写真11－12　ショウガ畑で。草のすき込み作業中

と、若いスタッフたちと常々語り合っているのです。

また、スタッフ全員が「観察する力」を養うことを大事にしています。

先に述べた木村秋則さんが、「自然を見る、それも長く観察するということは、百姓仕事にとって一番大事なこと」と書いてます（『リンゴが教えてくれたこと』一五四頁、日本経済新聞出版社刊、二〇〇九年）。ここには、単に一農法に限定されない、農業の基本とも言うべきものが示されているように思われます。私たちもまた、この姿勢を守りながら、ビオ・ファームの経営を確立していきたいと考えています。

# 第12章 小さな製油所の大きな試み

和田 久輝

## はじめに

食べ物は、そもそも健康な身体を作ったり健康を維持したりするためのもの……。だからこそ品質や安全性が問われるのです。鹿北製油（かほくせいゆ）は常にそのような点を意識し、安心・安全な食用油や各種ごま製品の製造販売を行っています。

規模こそ創業以来変わらずの「小さな製油所」ですが、独自の「大きな試み」によって特異な存在感を示してきたと自負しています。

ここでその歴史を紐解きながら、「小さな製油所の大きな試み」をたどってみたいと思います。

## 一、「小さな製油所」の誕生

かつて鹿児島県は日本一のなたね生産地で、県内にはなたね等を搾油する小規模工場が三〇〇軒以上あり、地場の産業として地域に根付いていました。当時の人々は、自家栽培したなたね等を近所の搾油工場に持ち込み食用油を確保するという、まさに自給自足・地産地消の生活を営んでいました。

鹿北製油は、そんな時代の「小さな製油所」のひとつとして、一九四九（昭和二十四）年に、創業者（初代社長）であり筆者（二代目社長）の父でもある和田輝（てるし）によって、鹿児島県の最北部・伊佐の地に設立されました。その時父は弱冠二十歳。搾油経験もないまま起業はしたものの、その船出は難航を極め、搾油を始めても最初はほとんど油が出ない状態だったと言います。

設立からの数年間、そのような暗中模索を続けながらも、昼夜を問わず熱心に取り組むことで、鹿北製油の礎も次第に築かれていったのです。

写真12－1
国産の黒ごま油

写真12－2
国産のなたね油

## 二、高度経済成長期の苦況

時代が進んで昭和三十年代に入り、日本が右肩上がりの経済成長を続けるにつれて、そんな「小さな製油所」を取り巻く状況にも変化が訪れました。

写真12－3　玉搾り機の前で
左：現社長（筆者）、右：初代社長（和田輝）

食生活の欧米化・多様化が進み、食用油の需要も高まる中、農作物の輸入自由化・都市部への労働力の流出・高収益作物への転換などさまざまな要因によって、鹿児島産を始め国産なたねの生産量が減少の一途をたどるようになったのです。そして、やがて安価な外国産のなたねが大量に輸入されるようになると、大手製油メーカーで大量生産された価格の安い食用油が出回り、製品も精製によって脱色脱臭されたサラダ油が主流となる時代を迎えました。

このような情勢に押され、鹿児島県内の「小さな製油所」の灯は急激な勢いで消えていきました。それは、昭和三十年代の半ばにはわずか二十数軒しか残っていないという激減ぶりでした。

鹿北製油でも赤字経営が続く中、生き残るための手立てを講じる必要に迫られ、それまで使用していた玉搾り機に代わりペラー式圧搾機を導入して生産の効率化を図ることになりました。これによって搾油量の歩留まりは大幅にアップしたものの品質の低下は避けられず、これを解消するために、父は大手製油所で研修したり製造工程に独自の工夫を施すなどして研鑽を重ねていきました。その結果、味や風味が評判となり、同業者の訪問も相次ぎました。鹿北製油はその後昭和四十七年に小規模工場では初めてのＪＡＳ認定工場となりましたが、それも品質向上のためこのような研鑽に励んだ結果であると言えましょう。

とはいえ、片田舎の「小さな製油所」にとっては、なかなか明るい展望の開けない苦況にあることには変わりありませんでした。

## 三、独自の道へ

そういう状況で迎えた昭和五十九年、若き日の筆者が大学を卒業し、鹿北製油に入社することになりました。そしてこれが、鹿北製油にとって大きな転機となったのです。

入社にあたって、筆者にはある思いがありました。ひとつには、やるからには他所とは違った物、量ではなく質で勝負できる物にしたいという思い。そしてもうひとつには、古代から食用とされてきた油、すなわち①なたね油・②ごま油・③椿油・④えごま油・⑤かやの実油の五大油を、これ以上はないという品質で復活させたいという強い思いです。

また、『身土不二』の精神――すなわち、自分が暮らす土地でとれたその時々の季節の物を味わい、『一物全体食』で命のエネルギーを余さずいただくという精神――に則り、決して自然に対して傲ることなく、自然の恵みに感謝しながら生きていきたい。そんな思いも持っていました。

このような筆者の真摯な思いに父と母も心を動かされ、これ以降、私達親子・社員が一丸となり現在に至る鹿北製油独自の道を邁進することになったのです。

それは、すなわち国産原料を使ったより安心・安全で質の高い製品作りであり、その実現のために独自で原料の契約栽培を推進したり、「玉搾り」という昔ながらの搾油法を復活したりする取組みを、長年に渡って続けていく道のりでもありました。

## 四、「石臼式玉締め法（玉搾り）」の復活

その思いの実現を目指し、まず手始めに取り組んだのは、「石臼式玉締め法（玉搾り）」という昔ながらの搾油法の復活でした。

そもそも江戸時代からの食用油搾油法の歴史を紐解いてみると、表12―1に示す通り、大きく四つに分類されます。

現在広く普及している大手製油メーカー製造の食用油は、一般的に低コストで大量生産が可能な表12―1④の溶剤抽出法によって搾油されています。これとは対称的に、現在鹿北製油では、表12―1②の「石臼式玉締め法（玉搾り）」と③の「ペラー式圧搾法」という圧搾法で搾油しています。

その製造能力は表12―1中に示す通りです。比較すれば一目瞭然、鹿北製油の製造法は極めて非効率的な搾油法です。また、表12―1④の製造工程では、一般的にさまざまな薬品が使用されていますが、鹿北製油ではいずれの方法でも薬品は使用しません。私達がこのような搾油法を採用しているのは、より安心・安全な製品を提供したいという強い思いがあるからです。

とはいえ、その復活への道程は容易ではありませんでした。自社

表12－1　食用油の搾油法

①　矢締め式搾油法《江戸時代》
②　石臼式玉締め法（玉搾り）《明治～昭和30年代》
・石臼式玉締め機を使い、２人がかりで手搾りする搾油法
・生産量は、鹿北製油が所有する４台で１日800kg
③　ペラー式圧搾法　《昭和20年代～現在》
・ペラー式圧搾機を使い、１人で機械搾りする方法
・生産量は、１日２トン
④　大型ノルマルヘキサン抽出法《昭和30年代～現在》
・大規模な機械設備によって、ノルマルヘキサン等の薬品を使い油分を抽出する方法　※油分がほぼ100％抽出される
・生産量は、１日1,500トン

の玉搾り機はすでに処分していたため、九州各地を探し回り、ようやく指宿（いぶすき）郡頴娃（えい）町の農家に眠っていた「明治五年製」の搾り機を探し出し譲り受けました。しかし、最初はなかなか油が出ず、かつて玉搾りに携わっていた父のかすかな記憶を頼りに、何度も挑戦を重ねる日々が続きました。そしてある日、ようやくわずかな油がにじみ出てきたのです。それが玉搾り復活の瞬間でした。

## 五、自然の風味や成分が生きた油作り

鹿北製油がこうした「玉搾り」に代表される圧搾法を採用しているのには、もうひとつ大きな理由があります。それは、原料が持つ成分や自然の風味が生きた美味しい食用油を届けたいという思いです。

鹿北製油の主力製品であるなたね油やごま

〈玉搾りの工程〉

天日で原料を干す
↓
薪火を焚いて焙煎する
↓
油分が出やすいように原料を擂り潰す
↓
木桶で蒸す
↓
玉搾り機で搾油する
↓
静置して不純物を沈殿させる
↓
手すき和紙でろ過する

薪火で焙煎

手すき和紙でろ過

玉搾り機で搾油

〈玉搾りの原理〉
3段の金輪（写真の真ん中に見える部分）の中に厚綿布でくるんで入れられた原料の油分が、石臼（金輪部分の上に白っぽく見える部分）の重みによって搾り出される。

図12－1　石臼式玉締め法（玉搾り）の工程

油には、それぞれ原料由来の特長があります。なたね油は、酸化しにくいオレイン酸の他、不足しがちな必須脂肪酸であるαリノレン酸が他の植物油に比べて多く含まれ、各種不飽和脂肪酸のバランスがとれた油です。一方ごま油は、ごま特有のゴマグリナンと総称される抗酸化物質が含まれているのが特長で、その他各種ミネラル・必須アミノ酸なども豊富に含まれ、栄養的にも優れた油なのです。

私達はこれらの成分をできるだけ自然な形で残したいと考えています。そのためにもこれらの搾油法が最適だと考えています。例えば、鹿北製油の「石臼式玉締め法（玉搾り）」で搾られた油は、図12―1に示す通り、薪火焙煎→玉搾り→手すき和紙でのろ過……といったいたってシンプルな工程を経て製造されます。原料に過剰な負荷をかけず、また薬品も使用せずに製造するので、成分も余り損なわれず自然な風味が生きた味の良い油になるのです。

## 六、日本古来の五大食用油の復活

ただ、このような思いで復活した玉搾りでなたね油を製品化してはみたものの、現実には思うように売れませんでした。しかし、同時にそのことが、古代から使われてきた五大食用油の復活という道筋をたどるきっかけにもなったのです。

玉搾りのなたね油復活後、ごま・椿・えごまの玉搾りも手がけ、数年前には、今や知られることもなく幻となっていた「かやの実油」を搾る機会にも恵まれ、玉搾りの復活から二十数年をかけて、筆者が入社にあたって夢見た日本古来の五大食用油の復活に、見事すべて成功するに至りました。

## 七、原料の契約栽培への着手——ごまの契約栽培を中心として——

一方この時期、鹿北製油の独自性を高めているもうひとつの取組みに着手することになりました。すなわち、原料となる国産のなたねやごまを契約栽培によって確保する取組みです。

契約栽培にあたっては、農薬や化学肥料を使わないことを原則としました。これは、より安心・安全で質が高く美味しい製品作りを実現するための取組みであると同時に、環境保全のための取組みでもあったからです。

当時父は、品質向上のため研鑽してきたそれまでの日々の中で、良質な油作りにはまず良質な原料が不可欠であるとの思いを強くしていました。そしてより良質な原料を求め模索を続ける中で自然農法に出会い、これこそわが思いに適う「理想の農」だと確信したのです。くしくもそれは、筆者が入社時に描いた鹿北製油独自の製品作りへの思いに符合するものでした。

折しも苦労して復活した玉搾りのなたね油が思うように売れず、なたね油だけではやっていけないことを痛感していた時期……玉搾りごま油の復活を考えていたこともあり、これ以降、本格的に自然農法の普及と併せごまの契約栽培に着手することになったのです。

## 八、ごま契約栽培の推進と成果

そもそもごまは、なたねと同様、かつて鹿児島県では盛んに作られていた作物です。鹿児島県は比較的高温期が長いため、高温を好むごま栽培には適した土地柄でもあります。

ただ、アフリカのサバンナ地帯原産であるごまは、乾燥には強いのですが湿害には弱く、ごまの栽培に適した高温期、日本においては梅雨・台風など降水量の多い時期と重なるため、発芽や生育が不良となる場合があります。また、ごまは収穫時には丈が人の背丈程に伸び茎も細いため、この時期多い台風によって倒れたり折れたりして、収穫できなくなる恐れもあります。

ごま栽培におけるこのような諸問題に対処し、安定した生産量と高い品質を確保しつつ、環境にも配慮したごま栽培を推進するため、筆者の父母が中心となって奮闘する日々が始まりました。父は自らも自社農場でごまを栽培し、湿害や風倒害を防ぐための適切な栽培時期や土作りの研究、さらには作業の省力化を図るための農機具の導入等、さまざまな栽培の工夫を実践しながら、各地で研修会を開催し生産者への指導を重ねる一方、母は自然農法に取り組むグループを組織するなどしてこれを支援し、ごま栽培の推進に努める毎日でした。

その努力の甲斐あって、初めわずか五名だったごま契約栽培の生産者も、今では七〇〇名を数える程になりました。また、それにつれて生産量も次第に増加し、当初から白ごまの契約栽培をしている鹿児島県・喜界島では、一九八四年当時二〇〇キログラムだった生産量が、二〇〇九年現在六〇トンの生産量日本一を誇る生産地となるなど、この取組みは着実に実を結んでいるのです。

## 九、ごま栽培法の確立

そのような取組みを続けていく中で、ごま栽培法も次第に確立されてきましたが、その一端を図12―2にまとめましたので、ここでご紹介しておきます。

ごま栽培に適した時期は夏の高温期で、圃場の気候条件によりますが、おおむね五月～九月。高温期のより

〈栽培の手順〉

土作り
（施肥）

↓

播種

↓

間引
（除草）
（培土）

↓

収穫
（刈り取り）

↓

天日干し乾燥

↓

脱粒

↓

選別
（地干し乾燥）

〈播種〉
写真のような播種用の道具を使って、種を播く。
〈間引〉
写真は間引後の畑。
※必要に応じて除草・培土などの雑草対策を行う。

収穫直前の畑。人の背丈を越えるほどに生長している

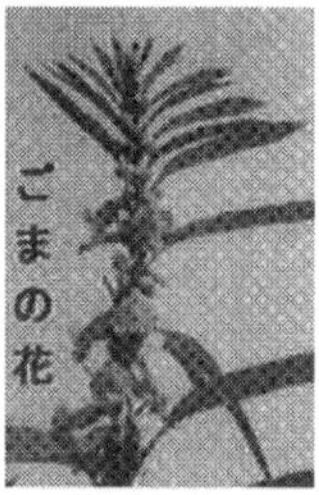


ごまの花

〈収穫（刈り取り）〉
手刈りの他、バインダーを利用して、茎ごと刈り取る。

〈天日干し〉
刈り取った茎を束にし、干して乾燥するうちに、ごまの実もより熟し、さやが弾けるようになる。
〈脱粒〉
束になった茎を軽く叩き、さやからごまの実を取り出して集める。
この後、石砂などを除去し、天日干しをして乾燥する。

図12－2　ごま栽培の手順と作業の様子

長い地域では四月~十月の間の二期作も可能です。播種から収穫まではおよそ三か月で、天候に恵まれれば生育も早く、播種前の土作りと発芽時期から一か月間程の圃場管理をしっかりやっておけばそれほど手もかからないので、契約栽培の生産者には高齢者も多くみられます。

## 一〇、独自の取組みへの評価

こうして長年にわたり取組みを続けてきた結果、ごまの契約栽培は広く九州各県にまで普及し、農薬・化学肥料不使用栽培の安心・安全で質の高いごまを、鹿児島県内を始め九州内で安定して確保できるようになりました。

生産者を始めさまざまな方々の協力のもと、鹿北製油が長年独自に続けてきたこのような取組みに対して、その地域経済への貢献が認められ、二〇〇八年地元・南日本新聞社主催の「南日本経済賞」を受賞、また二〇〇九年には農水省の外郭団体が認定する「ごま・なたねマイスター」に認定されるなど、各方面から高い評価を得るようになりました。

## 一一、鹿児島産・九州産なたね復活の夢

一方、鹿北製油のもうひとつの主力製品・なたね油の原料となるなたねについては、残念ながら鹿児島産・九州産の取扱量は、伸び悩みの状態がずっと続いてきました。鹿児島県を含め九州では兼業農家などの小規模な生産者も多く、機械化による大規模生産への移行が進みにくかった面もあって、北海道などのように確固と

した生産体制を確立するに至らなかったため、なたね栽培に取り組んでも安定した生産や収益に繋がらない場合が多いのです。そのため、鹿北製油で取り扱う国産なたねのうち、九州産は毎年ほぼ一〇パーセント程度に留まり、後の九〇パーセント程は日本の主要産地である北海道や青森県産のなたねに頼らざるを得ないのが実状です。

しかし、かつての隆盛を夢見る思いは強く、鹿北製油の原点でもある地場産一〇〇パーセントのなたね油をぜひとも復活させたいと考えています。そんな思いもあって、二〇〇八年から福岡のグリーンコープと共同で「九州産なたね三〇〇トン計画」に取り組んでいます。

九州におけるなたねの栽培時期は稲作をしない時期とほぼ重なり、寒期でもあることから除草作業などの省力化も図れるため、水田の裏作や遊休地・耕作放棄地などの有効利用には適した作物でもあります。また、景観作物としての活用も考えられます。九州内の自治体や農家等に対して、このような提案を行い、関心を寄せて下さった方々には説明会を開くなどして、なたね契約栽培の推進に努めています。これに呼応し、近年自治体ぐるみで大規模ななたね生産に取り組む生産地も出てきており、今後九州産なたねは増加するものと期待を寄せているところです。

また、二〇〇八年には、生産者・製造者・消費者の間で、なたねを資源として循環させる仕組みを作る「菜の花プロジェクト」（例：消費者が使用した食用油の廃油を回収してバイオディーゼル燃料を製造し、農機具などの燃料として生産者に販売する等）を始動し展開中でもあります。

## 一二、安心と美味しさを追求した製品作り

現在鹿北製油では、独自の契約栽培によって国産原料を確保し、原料の持ち味をできるだけ損なわないように加工して、国産のなたね油・ごま油・椿油・えごま油・かやの実油といった食用油や各種ごま製品を製造・販売しています。

国産原料を使用した製品を求める消費者の声は年々高まりを見せていますが、供給できるメーカーも製品自体も少ないため、販路は日本全国に広がっています。各地の生協やデパート・品質重視のスーパー・食品会社・飲食店などへの卸売販売の他、一般消費者への小売販売も行っており、最近はインターネットの普及により通信販売の取扱量が年々増加しています。

## 一三、世界で初めて製造・販売を手がけた「黒ごま油」

そんな製品の中でも、黒ごまのみを搾った「黒ごま油」は、まさに鹿北製油の思いを形にした製品と言えるでしょう。

鹿北製油は一九八四年、契約栽培した国産の黒ごまを使い、昔ながらの玉搾り法による一〇〇パーセント純粋な黒ごま油の製造・販売を、世界で初めて手がけました。黒ごまにはアントシアニンなどの抗酸化物質も含まれ、健康食品としての評価も高いのですが、白ごまなどに比べて収量が少なく油分も二割程少ないためコスト高になり、どのメーカーも手がけてこなかったのです。

しかし、鹿北製油はあえてそのような製品を作ってきました。だからこそ、現在の鹿北製油があるのです。ここに至るまでは、さまざまな困難を乗り越えながらの険しい道程でしたが、独自の道を歩むことで「小さな製油所」は小規模ながら国内に広く認められる特異な存在となったのです。

## 一四、新たなるチャレンジ

人や物や情報が世界規模で行き交う時代を迎え、日本人の食卓にもさまざまな種類の食用油が登場するようになりました。玉搾りによる日本古来の食用油復活を成し遂げてきた今、そこに安住するのではなく、また新たな試みとして、私達にとっては未知の食用油作りにチャレンジしていきたいと考えています。

そのひとつは食用の「ひまわり油」。鹿北製油では契約栽培したひまわりですでに商品化も行った実績があり、今後も契約栽培を継続する予定です。

また、オリーブやアーモンドの木を育て「オリーブ油」や「アーモンド油」を搾る計画もあり、生産者の協力のもとすでに植樹も終え、今は木の生長を見守っている段階です。

## 一五、壮大な夢

二〇〇五年、鹿北製油は創業の地である菱刈町（ひしかりちょう）（現伊佐市）から、現在の地湧水町（ゆうすいちょう）へと移転しました。そこで筆者は、広大な敷地（三万六千坪）に、ごま・椿・アーモンドなど食用油の原料となる植物を植え、公園として開放する壮大な夢を描いています。

私達の生活は自然の恵みなくしては成り立ちません。その自然に一人一人が感謝と畏敬の念を忘れず生活していくことによって、より良い環境も人間としての豊かな精神も作られるのではないか……そういう思いを次代に伝えていくことも私達の役割であり、そういう場として活用できればと夢見ているのです。

## 一六、独自の道をたゆまなく歩む

これまで私達は、食に携わる者として今の時代を生きる者として、自らの思いを形にすべく模索を繰り返しながら独自の道を歩んできました。これからも、生産者・消費者どちらにも安心や真の豊かさを提供できるメーカーとして、生産者との共存共栄を図りながら、その道を歩み続けていきたいと思っています。

私達の歩みが、消費者のカラダやココロの健康と豊かさを支える一助となれるよう……日本の食料自給率アップや、日本の農業がやり甲斐の見いだせる産業として再生するために、少しでも貢献できるよう……願いつつ……。

写真12－4　現在の鹿北製油（事務所棟）

# 第13章

# 農産物の安全と安心
## ――大学における教育の現場から――

林　久喜

## 一、食料生産の必要条件

人は農業に何を求めているのでしょうか。農業活動の結果生産される農産物には、おいしさを求める人、見た目の良さを求める人、安さを求める人、地域で生産された特色ある農産物を求める人などさまざまです。また、農業それ自体に対しても、高品質の農産物を生産できる技術や能力を自負したり、特色ある農産物の生産に喜びを感じたり、生活の糧を求めたりするだけでなく、小規模であっても自分で食べ物を作ることの喜びや、自分で生産したものを人にあげたときのお礼の言葉に満足を得たりと、人それぞれ求めるものは違い、また、喜びも違うのかもしれません。このような多様な目的や喜びはそのまま享受するとして、農業本来の目的は何なのでしょうか。それは、食料を生産することであり、世界中の誰もが必要とする量を供給することが、産業としての農業には必要なのではないでしょうか。そして生産された農産物は、安全であることが必要条件となります。いくら量が確保できたからといって、食べることができないような安全でないものは食料ではありません。

それでは安全な食料を生産するとはどういうことなのでしょうか。圃場で農作物が生産されて人の口に入るまでには、播種から管理、収穫、調製、集荷、貯蔵、出荷、流通を経て、店頭で消費者が購入して家庭で保存され、調理されて食べられるまで、さまざまな段階があり、非常に多くのことが食品の安全にかかわっているでしょう。その中で、第一段階である圃場での農作物の生産段階について考えてみると、そこでは作物が適正な管理のもとで栽培されることが必要となります。では、適正な管理とは何なのでしょうか。各県では作物ごとに、あるいは作物の作期ごとに、どのように栽培したらよいのかを示す栽培基準とか栽培指針、指導指針とかいわれる指針を策定しています。栽培指針の中では、作物を健全に栽培するために、品種や苗木の選定や、播種、育苗、定植、土づくり、施肥、耕起、資材、病害虫管理などの栽培技術、収穫や調製技術などが事細かに定められています。農業は自然を相手にした生産活動ですが、ここには、外部から、石油、電気などのエネルギーとマルチ、肥料、農薬などの資材が投入されます。ここで多くの人が安全性と関連して強い関心をよせるのが農薬です。

レイチェル・カーソン著『沈黙の春』、有吉佐和子著『複合汚染』、シーア・コルボーン、ダイアン・ダマノスキ、ジョン・ピーターソン・マイヤーズ共著『奪われし未来』などの書籍の出版で、農薬を含む合成化学物質が自然界や人体に与える影響が一般に広く知られるようになりました。農薬の急性毒性による中毒患者や死者の発生や、最近では中国産野菜の残留農薬問題などが報道され、人々は農業生産資材の一つである農薬に強い関心をよせるようになりました。農薬は農業の近代化の中で確立し、発達してきた重要な農業技術ですので、農薬の必要性と農薬がもたらした恩恵、加えて農薬の安全性を私たちはしっかりと認識する必要があります。

農林水産省によると、水稲作における除草作業時間は、除草剤のなかった一九四九年は一〇アール当たり五〇・六時間でしたが、二〇〇九年は一・三七時間と、六〇年前の二・七パーセントにまで減少しました。また、(社)日本植物防疫協会が一九九〇年～一九九二年に実施した調査の結果、農薬を使用しなかった場合の作物収量の推定減少率は、ナスで二一パーセント、ダイコンで二四パーセント、水稲で二八パーセントであり、リンゴでは九七パーセント、モモでは一〇〇パーセントと収穫が皆無でした。このように、農薬は近代農業において高品質で安定した農作物の収穫を可能にし、高い労働生産性を達成する上で必要欠くべかざるものなのです。

農薬は一般に農林水産大臣の登録を受けたものでなければ製造、加工、輸入することができません。農薬は農薬取締法で登録が義務づけられており、登録されるまでには、農薬の効果についての試験、薬害に関する試験、毒性に関する試験、残留性に関する試験など、実にさまざまな試験とそれに基づく詳細なデータが必要となり、新薬の開発から市販に至るまでには一〇年程度の時間と数十億円の経費が必要になると言われています。これらの試験の中で農薬の効果だけでなく、人体および環境への安全性についても確認されたものが初めて農薬として登録され、使用されるのです。

農薬は、使用できる作物の種類が決められており、また、その農薬ごとに使用してよい時期、総使用回数、使用量あるいは使用濃度が定められております。この、農薬を使用する人が遵守すべき基準、農薬使用基準を守ることで人畜などへの害がない、残留農薬基準を超えないようになっています。そしてこの農薬使用基準を決める第一段階として、急性毒性試験、亜急性毒性試験、慢性毒性試験、発がん性試験、繁殖毒性試験、催奇形性試験、変異原性試験などのすべての毒性試験の中で有害な影響が認められなかった最小の量、無毒性量が決められます。これらの毒性試験はラットやニワトリ、ウサギなどの動物試験に基づいて決められているので、種による違いを考慮した安全係数一〇分の一と、個体差に基づく安全係数一〇分の一をかけ合わせた、無毒性量の一〇〇分の一の量が一日摂取許容量（ＡＤＩ：Acceptable Daily Intake）として算出されます。ＡＤＩはその農薬を一生涯、毎日摂取し続けたとしても危害を及ぼさないと見なせる量です。作物に散布された農薬の一部は作物に付着せずに土壌、大気、あるいは河川にも入り込み、それらが水、空気、魚、肉などの作物以外のものを介して人体にとりこまれることも想定し、農作物以外からの摂取量をＡＤＩの二〇パーセントと見込み、農作物からはＡＤＩの八〇パーセント以下になるように設定された値が残留農薬基準となります（図13―1）。このように農薬使用基準は何より人体への安全性を第一に、科学的に決められたものですので、農薬を農作物生産に使用することは科学的根拠に基づき安全であると判断できるわけです。大切なことは農薬の使用者が農薬使用基準に従って適正に農薬を使用することなのです。

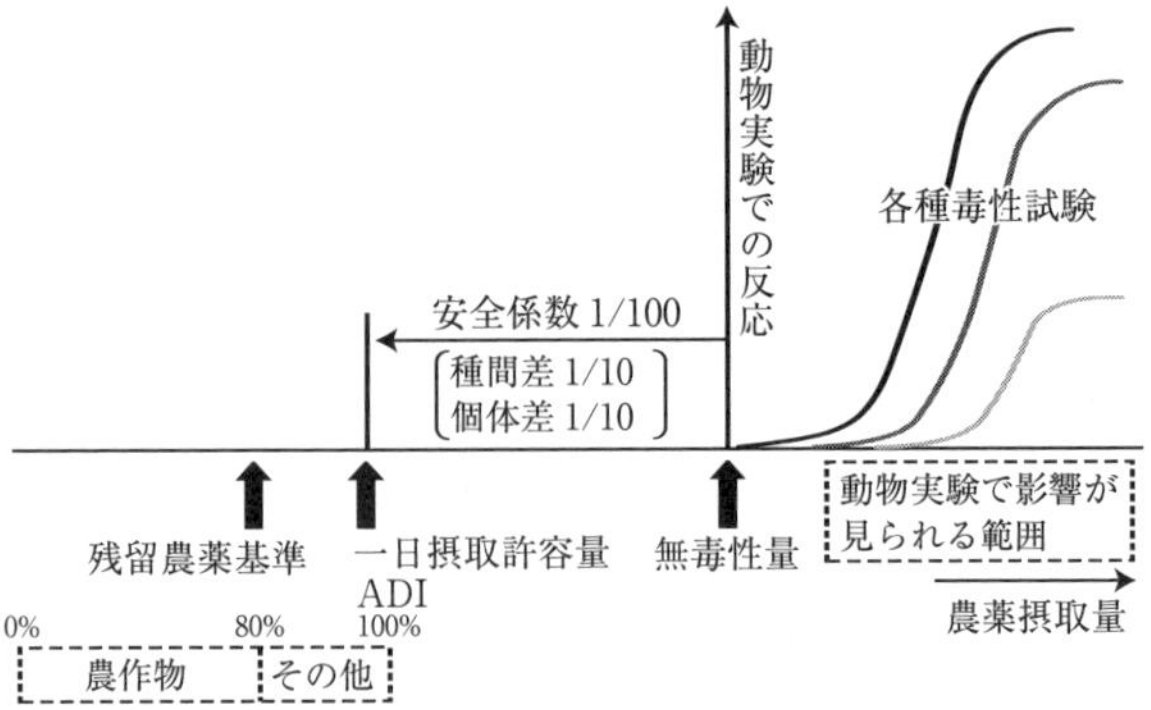

図13－1　残留農薬基準設定の概念図
（北海道農政部資料，農林水産安全技術センター資料をもとに作成）

〈筑波大学公開講座：実験的実習「環境を考えた少農薬水稲栽培」〉

筑波大学では毎年多くの特色ある公開講座を実施しています。農場のある農林技術センターでは、センターが保有する広大な圃場の中で栽培される多様な作物を活用した社会貢献活動を実施していますが、食の安全性や農業の環境負荷に対する関心の高まりを受けて、二〇〇二年に「実験的実習「環境を考えた少農薬水稲栽培」」という公開講座を実施しました。この講座では、水稲作における人と環境への負荷に関心を持つ人を対象に想定して、農薬使用の現状と環境への影響について講義するとともに、農林技術センターの水田で、水稲生育期間中の農薬の使用を制限した栽培を、古代米を含めて特性の異なる四品種を使用して実施することを通して、受講生が関心の高い食の安全にかかわる農薬について、その使用量と効果・影響との関係を試験の実施と調査・解析を通して作物生産と環境負荷の両面から評価してもらいました。大学では日常的に行われている「科学的（理論的）に考えて物事を判断する」ということが、一般の人には課題を感覚的に判断しがちであることが予想されていましたので、理論を修得して科学的に物事を判断することを理解してもらうことを第一に考えましたが、実体験を通して物事を判断することの重要性も知ってもらいたいと思っていました。ここでは、単に水田で少農薬水稲栽培を体験してもらうということではなく、実験計画に基づく試験を受講生自らが実施し、講義で実験計画と科学的評価方法、農業生産における農薬の効果と安全性、水稲栽培の持つ多面的機能について一年を通して学習してもらいました。受講生は筑波大学の学部学生、大学院学生、他大学農学部学生や、つくば市内の研究所に勤務する研究者、主婦、水稲栽培を志す人や専業農家のプロまでさまざまで、この問題について多様な人が関心を持っていることを感じました。

講義では、農薬の定義から法的規制、農薬の分類・剤型・施用方法・作用機構や社会問題、残留農薬の実態など農薬に関連した知識と、水稲栽培に係わる知識および実験計画と統計的な評価についての知識を学びました。実習では古代米を含む罹病感受性の異なる四品種を、除草剤、殺菌剤、殺虫剤を使用して標準的に栽培する標準区と、農薬の使用を極力抑えた少農薬区の二つの栽培方法で栽培しました。両試験区とも、ばか苗病、いもち病、もみ枯細菌病、シンガレセンチュウを防除する目的で種子予措(1)を実施しましたが、少農薬区では生育期間中の農薬は一切施用しなかったのに対し、標準区では移植時にいもち病、紋枯病の殺菌成分および殺虫成分が混合された農薬を育苗箱に施用してから移植するとともに、生育期間中に除草剤を一回使用して栽培しました。

四月二十日の第一回目の実習では講義の後に、受講生が種籾を育苗箱に手で播種しました。三週間育苗した苗は五月十一日に受講生の手で水田に植え付けられました。四〇〇平方メートルの面積を一〇人で手で植えるのですから、一人が一、〇〇〇株近い量を植えなければなりません。少し前なら何でもないことですが、機械化され便利になった現代人にとっては、腰をかがめての田植えはそこそこ体にこたえたようでした。しかし、田植えはまだ軽労働にすぎなかったのです。何より大変だったのが除草作業でした。移植後七週間目の六月二十九日の実習（写真13―1）では、イネの生育状況を調査した後に除草作業を行いました。遠くから水田を見ているだけでは気づかないのですが、水の張られた水田では水中にたくさんの雑草がイネに隠れてひっそりと、そして着実に成長していきます。この時期になると近くによれば除草剤を使用していない少農薬区の雑草の発生量はすごいものです。これを見て見ぬふりをするわけにはいきませんので、除草することになりました。昔でしたら田の中をはいつくばって株間まで徹底的に除草するのでしょうが、今回は人力の除草機（田打車）を使って畝間を除草する（写真13―2）だけにとどめておきました。半日という限られた時間は、講義に加えて必要となる実習を行うにはあまりにも短い時間だからです。それでも人力除草機を使った除草は、ぬかるんだ田の中を押していかなければならないので、結構な力を必要とします。しかも除草できるのは一畝間だけですので、畝間の数だけ押して歩かなければなりません。これには受講生も苦労していました。

一方、除草剤の効果はてきめんで、除草剤を使用している標準区にはほとんど雑草はみられませんでした（写真13―3）。九月二十一日に各試験区から雑草を集め、雑草の種類ごとに本数と重さを測りました。雑草の種類としてはコナギが最も多く発生しており、次いでオオアブノメ、アブノメが目立ち、ホタルイ、マツバイなどもみられました。乾燥した質量で比較すると、雑草量は標準区が一平方メートル当たり三・九グラムであったのに対し、少農薬区では一二一・二グラムと、少農薬区には標準区の三〇倍以上の雑草が繁茂していました（写真13－4）。なお、八月十日にはイネツトムシ、ドロオイムシによる被害やイモチ病の被害程度を調査したところ、品種による違いも見られたのですが、標準区に比べて少農薬区ではいずれの被害程度も大きい結果となりました。

九月二十一日に収穫を行い、収量を測定したところ、標準区が一〇アール当たり五五一キログラムの籾収量であったのに対し、少農薬区では三六九キログラムと標準区に比べ三三パーセントもの減収となりました。十月の最終日には、自分たちで栽培した標準区の米と少農薬区の米を炊飯して試食しました。農薬使用の多少による米の食味に違いはありませんでした。

この公開講座を通じて受講生の全員が、農薬の重要性や、農薬が近代的作物生産には必要な資材であることを理解し、適正に農薬を使用していれば、農薬が人間の身体に重要な問題を引き起こすとは考えられないことを理解してもらえました。しかし、「自分で家族が食べる米を生産するとしたときに農薬をどう使用しますか」という質問に対しては、「農薬を極力使用しないで栽培したい」あるいは「無農薬で栽培したい」という回答者が受講前とはほとんど変わらない数でした。農薬は適正に使用していれば安全であることは頭では理解できたのですが、受講した人たちの気持ちは、それでも農薬は使いたくない、使っても最小限にとどめたいというものでした。除草体験時間が不十分だったとは思いませんが、そこでは三分の二の収量減が配慮されていない回答だったのではないかと思います。安全性は理解できたのですが、安心を得たいという受講生の気持ちが伝わってきました。

写真 13－1　病害虫発生状況の調査
（移植後７週目）

写真 13－2　人力除草機を使った除草作業
（移植７週目）

写真 13－3　標準区の雑草発生状況
（移植７週目）

写真 13－4　少農薬区の雑草発生状況
（移植７週目）

写真 13－5　筑波大学農林技術センターで
生産された農産物の販売風景

写真 13－6　実習を通じて学生たちにより
生産される特別栽培米

## 二、積極的な生産履歴の情報公開

もう一つ、私たち筑波大学農林技術センターで取り組んでいる活動を紹介しましょう。それは青果ネットカタログ（SEICA）を用いた生産履歴の情報公開です。

SEICAは(財)食品流通構造改善促進機構と独立行政法人農業・食品産業技術総合研究機構食品総合研究所等が開発・運営する公的なサイトで、誰もが無料で農産物の栽培履歴などに関する情報を公開できるものです。生産者がSEICAホームページ上で農産物の生産情報等を登録することで八桁のカタログナンバーが自動的に発行されます。生産者は農産物にこの番号をつけて販売します。購入者や流通関係者は、SEICAホームページでこの番号を入力することで登録された情報を閲覧することができるというシステムです。この番号は商品につけられており、携帯電話を使って、あるいは販売店舗に設置してあるインターネットに接続された端末を使って番号を入力することで、購入前に生産履歴を知ることが可能となり、消費者が他商品と比較検討して購入することも可能です。平成十四年八月に一般公開されたこのシステムは、現在ではすべての野菜と果物の登録ができ、米、茶も含む約一七〇〇品目に対応しており、画像や音声も登録できるので、生産物情報、生産者情報、出荷情報について、広範囲かつより詳細に消費者に伝えることが可能です。二〇一〇年十二月三十一日現在で二、五七四人（組織）がカタログを制作しており、一〇、七七三のカタログが公開されています。

生産者が生産した農産物にいかに付加価値をつけて販売するかは、それが価格に直接に影響し、また、売れ行きにも大きく影響することから重要です。対面販売であれば生産物の特徴を詳細に伝えることも可能ですが、それでは情報を伝える場や時間が限られてしまいます。掲示により情報を伝えることも可能ですが、これも情報伝達の場が限られ、また、スペースや経費の面での困難さもあります。その点、このシステムを使用することで、誰もが無料で生産履歴や生産物の状況を、時間、空間の隔たりにとらわれずに伝えることが可能となります。

農学部を持つ大学には農場を設置することが義務づけられております。その農場ではさまざまな農作物が栽培されており、生産された農産物は一般に販売されています（写真13―5）。この作物栽培は技術職員といわれる専門の知識・技術を持った職員が担当しており、技術職員は日々、技術の研鑽に励んでおります。そこで生産される農産物は適正な管理のもとで栽培が行われているのですが、大学農場で生産された農産物を購入した人に対して、それまで、掲示や対面の説明を除いて、どのように生産されたかを知らせるすべがありませんでした。

二〇〇七年九月に筑波大学で開催された関東甲信越の大学農場技術職員を対象にした研修会では、生産履歴の情報公開をテーマとしましたが、その時に集まった各大学は、「大学で生産されているものなので、安心して購入していってくれている」「そのため、生産履歴の情報公開については考えたことがない」という反応でした。筑波大学では二〇〇五年からＳＥＩＣＡを用いた農産物の生産履歴の情報公開に取り組んでいますが、それは、生産する立場として、消費者に、購入した農産物の生産履歴情報を知ってもらいたいこと、消費者がそれを望む望まないにかかわらず、生産者としてその情報を公開する義務があるであろうこと、一方、このような手段を利用することでさまざまな特徴ある生産活動を展開でき、それが大学の本務である教育活動にも生かすことが可能であること、などを考えて取組み始めたものでした。

具体的には、農業生産活動が与えている環境負荷を少しでも低下させることを目的に、二〇〇五年から米やジャガイモの特別栽培(2)に取組み、その後、学生実習にこの特別栽培を取り入れることで、学生にも環境問題を意識した農業生産活動を考えさせられるようになりました（写真13―6）。米とジャガイモで始まったＳＥＩＣＡを用いた生産履歴の情報公開は、現在では農林技術センターで販売するほとんどすべての品目で利用しています。

ただ、このシステムにも大きな課題があります。それは、誰もＳＥＩＣＡに登録されている情報が正しいことを検証していないことです。ＳＥＩＣＡを運営する組織では登録情報の有効期限を最終情報更新日から一年と設定するなどの対策を講じているようですが、それで情報の質を担保できるものではありません。ＳＥＩＣＡへの情報の登録は農産物の生産者自身が行うことなので、そこに第三者機関のような認証機関が介在しているわけではなく、すべては信用の上に成り立っているということです。そこがこのシステムの限界でもあるわけですが、このような限界を理解した上でもなお、このシステムの活用価値は大きいと思われます。大切なことは、正しい情報を、生産者は消費者に正確に伝えていくことが重要であるということです。情報化技術が発達した現代においては、時間や空間の隔たりにとらわれずに情報を伝達することが可能となりました。このようなツールを利用することで、私たちが生産した農産物に一定の保証が付与され、場合によってはそれが付加価値につながり、また、消費者の安心につながるのです。

## 三、おわりに

大学では二十一世紀を担う若者の教育を行っています。大学に集まる学生や公開講座を受講する市民には、農学を専攻するしないにかかわらず、農業のこと、農産物のこと、世界の食料事情のことなど、私たち人類の生存に必須な食料をとりまく現状と課題を正確に伝え、理解してもらうことが何より重要です。そして、世界中のすべての人が、必要となる量の安全な食料を摂取することができる、それが農業の目的と考えます。「安全と安心」、あたかも同義語のように一言で使われているのですが、「安全」と「安心」の意味するところは違います。私たちは安全な農作物を生産し、消費者に安心して購入してもらえる努力を惜しんではいけないのです。

【注】

（1）種子予措：植付け前に種子に対して行う人為的操作。ここでは種子に農薬を処理した。

（2）特別栽培農産物：農産物が生産された地域において、節減対象農薬の使用回数および化学肥料の窒素成分量のいずれもが対象地域の慣行レベルの五〇パーセント以下で栽培された農産物。

【参考となる情報】

農林水産省統計情報　http://www.maff.go.jp/j/tokei/index.html

農薬を使用しないで栽培した場合の病害虫等の被害に関する調査報告（平成五年七月）

（社）日本植物防疫協会ホームページ　http://www.jppa.or.jp/information/tecinfo/houkokusho.html

農薬の基礎知識、農林水産消費安全技術センターホームページ　http://www.acis.famic.go.jp/chishiki/01.ht

農薬工業会ホームページ　http://www.jcpa.or.jp/index.html

青果ネットカタログ（ＳＥＩＣＡ）　http://seica.info/

特別栽培農産物に係る表示ガイドライン　http://www.maff.go.jp/j/jas/jas_kikaku/tokusai_a.html

# 執筆者紹介

（執筆順・敬称略）

**三木　博孝**（みき　ひろたか）　第1章

一九四八年、北海道生まれ
法政大学経済学部卒業
現職：サンプラント有限会社代表取締役

**三木　英之**（みき　ひでゆき）　第2章

一九四四年、北海道生まれ
神奈川大学経済学部卒業
現職：ミキ食品株式会社取締役

**押野　和幸**（おしの　かずゆき）　第3章

一九六四年、山形県生まれ
山形県立上山農業高等学校卒業
現職：農業
ホームページ　http://www.oshino-farm.com/

**黒田　源**（くろだ　げん）　第4章

一九四九年、山形県生まれ
山形県立上山農業高等学校卒業
現職：果樹農家

**早乙女　勇**（そうとめ　いさむ）　第5章

一九四八年、栃木県生まれ
栃木県立小山高等学校卒業
現職：株式会社上原園代表取締役会長
URL　http://www.ueharaen.co.jp

**髙橋　昭博**（たかはし　あきひろ）　第6章

一九七三年、東京都板橋区生まれ、栃木県育ち
宇都宮大学大学院修士課程修了
現職：宇都宮農業協同組合営農部園芸指導課
　栃木県青年海外協力隊OB会会長
　WTO・EPA　ASEANパートナーシップ事業（JA全中）専門員（野菜）（ラオス・フィリピン）
学位：社会学修士
研究分野：農村とスラムの関係について。現在は、農村の活性化
主著：『農業および園芸』八五巻・第一二号・二〇一〇年一二月号、『GAP導入事例』田上隆一著

**野口　圭吾**（のぐち　けいご）　第7章

一九六二年、大阪府生まれ
東京農業大学農学部卒業
現職：ベリーファーム・ケイ代表
　株式会社ハート&ベリー代表取締役

長谷川美典（はせがわ　よしのり）　第8章
一九五二年、愛知県生まれ
名古屋大学大学院修士課程修了
現職：独立行政法人農業・食品産業技術総合研究機構果樹研究所所長
学位：農学博士
研究分野：青果物鮮度保持、流通、包装
主著：『カット野菜実務ハンドブック』サイエンスフォーラム社・二〇〇二年、『新編農産物の輸送と貯蔵の実用マニュアル』流通システム研究センター・二〇〇四年、『日本の農業4　果物を育てる』岩崎書店・二〇一〇年

坂口　和彦（さかぐち　かずひこ）　第9章
一九四五年、和歌山県生まれ
東京農業大学農学部卒業
現職：クウノ企画代表（食農研究家・農業生産法人コンサルタント）
研究分野：食料および農業問題
主著：『デフレ食農物語』技報堂出版、『農業立市宣言』昭和堂、『農業をやろうよ』東洋出版、分担執筆多数

秋竹　新吾（あきたけ　しんご）　第10章
一九四四年、和歌山県生まれ
和歌山県立吉備高等学校柑橘科卒業
現職：株式会社早和果樹園代表取締役社長

松崎　俊一（まつざき　しゅんいち）　第11章
一九五一年、鹿児島県生まれ
鹿児島大学法文学部文学科卒業
現職：有限会社ビオ・ファーム取締役
研究分野：海外需要に対応した茶の無農薬栽培法と香気安定発揚の確立、永年作物における農業に有用な生物の多様性を維持する栽培管理技術の開発

和田　久輝（わだ　ひさてる）　第12章
一九六一年、鹿児島県生まれ
鹿児島経済大学（現、鹿児島国際大学）卒業
現職：有限会社鹿北製油代表取締役社長

林　久喜（はやし　ひさよし）　第13章
一九五八年、長野県生まれ
筑波大学大学院農学研究科博士課程農林学専攻修了
現職：筑波大学大学院生命環境科学研究科教授
学位：農学博士
研究分野：作物生産システム学
主著：『地域と響き合う農学教育の新展開―農学系現代GPの取り組みから』分担執筆・筑波書房・二〇〇八年、『新編農学大事典』分担執筆・養賢堂・二〇〇三年、『持続的農業システム管理論』分担執筆・農林統計協会・一九九九年

■編者略歴

長谷川　宏司（はせがわ　こうじ）

1943年、新潟県生まれ
東北大学大学院理学研究科博士課程生物学専攻修了
現職：筑波大学名誉教授、神戸天然物化学株式会社参与
学位：理学博士
研究分野：植物生理化学（植物が具備する様々な生物機能を分子レベルから研究）
主な著書
『最新　植物生理化学』編者・大学教育出版・2011年、『博士教えてください－植物の不思議』編者・大学教育出版・2009年、『天然物化学－海洋生物編』編者・アイピーシー・2008年、『天然物化学－植物編』編者・アイピーシー・2007年、『農業生態系の保全に向けた生物機能の利用』分担執筆・養賢堂・2006年、『多次元のコミュニケーション』編者・大学教育出版・2006年、『プラントミメテックス－植物に学ぶ』分担執筆・NTS・2006年、『植物の知恵－化学と生物学からのアプローチ』編者・大学教育出版・2005年

広瀬　克利（ひろせ　かつとし）

1941年、兵庫県生まれ
筑波大学大学院農学研究科博士課程応用生物化学専攻修了
現職：神戸天然物化学株式会社代表取締役社長
　　　大神医薬化工有限公司執行監事
学位：農学博士
研究分野：有機合成化学、植物生理化学
主な著書
『最新　植物生理化学』編者・大学教育出版・2011年、『博士教えてください・植物の不思議』編者・大学教育出版・2009年、『多次元のコミュニケーション』分担執筆・大学教育出版・2006年

**食をプロデュースする匠たち**

2011年10月20日　初版第1刷発行

■編　　者── 長谷川宏司・広瀬克利
■発 行 者── 佐藤　守
■発 行 所── 株式会社 大学教育出版
〒700-0953　岡山市南区西市855-4
電話（086）244-1268㈹　FAX（086）246-0294
■印刷製本── モリモト印刷㈱



ISBN978-4-86429-090-6